广西茶树品种与配套技术

U0238923

覃秀菊 韦静峰 陈 佳 主编

中国农业出版社
北 京

序

　　"国以农为本，农以种为先"。广西茶叶界有一批科研人员，老中青三代历经半个世纪，尤其改革开放的40年，他们经过艰苦卓绝的努力和奋斗，培育了一批茶树优良品种，研究出了茶树品种快速繁育的良法，改变了广西茶叶生产茶树品种单一、技术落后的局面，为广西茶叶产业的稳步发展作出了积极贡献。现在他们出版《广西茶树品种与配套技术》一书，向茶企、茶农、茶人们介绍和推荐广西的茶树优良品种、茶苗的繁育方法以及配套的茶园管理、茶叶加工技术。

　　本书重点介绍了广西具有自主知识产权的国家级审定茶树良种和自治区级茶树良种10个；原创茶树长侧枝扦插繁育技术；山地茶园顺坡栽培技术、山地茶园"凹"形种植技术；幼龄茶园低位压枝快速成园技术；仿原生态茶园栽培技术；病虫害零农残防治技术；广西主要名优茶类加工技术等。全书图文并茂，品种和技术均配有相应图片，通俗易懂，直观性、操作性强，是从事茶产业相关工作人员的参考书籍和实用手册。

麦楚均

2018年9月

前言

　　为促进广西茶产业发展，由广西桂林茶叶科学研究所和广西绿异茶树良种研究院组织相关科技人员编写了《广西茶树品种与配套技术》一书，主要介绍了广西具有自主知识产权的优良茶树品种的特征、特性，以及良种苗木快繁技术、山地"凹"形槽种植提高种植成活率技术、顺坡生态种植提高土地利用率降低茶树管理成本技术、低位压枝快速成园技术、主要茶类加工技术等，具有品种创新及各项技术创新，同时从育苗、种植、栽培、加工均制定了广西地方标准，技术成熟可靠，形成了较完整的茶树良种良法配套技术。本书内容丰富，技术全面，图文并茂，通俗易懂，操作性强，适合从事茶叶科研、茶企经营、茶农及在校学生阅读。

　　本书第一章由覃秀菊、陈佳、韦持章、

韦锦坚、古能平共同编写；第二章由覃秀菊、陈佳、李婷、韦荣敏共同编写；第三章由王磊、韦静峰、陈佳、马士成、刘初生、刘春梅共同编写；第四章由王磊、苏敏、赵莹婕、白先丽、刘秋凤、罗舒靖共同编写；第五章由陈佳、覃秀菊、邓慧群、罗小梅、邱勇娟、陈新强共同编写；最后由覃秀菊、韦静峰、陈佳总撰成书。

由于作者水平、经验、时间所限，本书存在的不足和疏漏之处在所难免，恳请广大读者批评指正。

编　者

2018年8月

目录

第一章　广西茶树品种

一、桂绿1号

　　来源：该品种由广西桂林茶叶科学研究所从浙江黄叶早有性群体种中采用单株系统选育而成。2002年通过广西区级鉴定，2003年获广西农作物品种登记证书，编号：（桂）登（茶）2003001号。2004年通过全国茶树品种鉴定委员会鉴定，编号：国品鉴茶2004001。品种选育者：韩志福、覃秀菊、周玉秀等。

　　特征：无性系，灌木型，中叶类，特早芽种。树姿开展，生长势旺，分枝能力强。叶片上斜状着生，叶面隆起，叶身稍内折，叶色黄绿，叶质较硬。叶长8.8cm，宽3.4cm，叶脉8对，花冠直径2.7～3.0cm，花瓣数8，柱头长1.9cm，柱头3裂，子房茸毛多，盛花期为11月中旬左右，结实能力中等。

桂绿1号嫩梢

桂绿1号植株

桂绿1号二年生茶园

桂绿1号五年生茶园

特性: 该品种在广西桂林于2月中旬开采,呈立体发芽。春茶芽叶黄绿色,茸毛中等,嫩叶背卷,夏茶新梢呈淡紫色,新梢一芽三叶百芽重64g。春茶一芽二叶干样约含水浸出物47.1%、氨基酸4.4%、茶多酚23.3%、咖啡碱2.2%。产量高,每667m² 产鲜叶782kg。适制绿茶、红茶、乌龙茶、黑茶。制绿茶,条索紧细,色泽翠绿,汤色嫩绿明亮,香气高雅,滋味鲜爽;制红茶,色泽红润,汤色红艳,香气高锐,滋味浓爽,叶底红亮。该品种产量高,抗高温干旱、抗寒、抗病害能力较强,但易受小绿叶蝉及螨类危害。

桂绿1号绿茶样品

桂绿1号绿茶茶汤及叶底

桂绿1号品种制作名优茶的获奖证书

适栽地区：适宜在广西、贵州、湖南及生态条件相似的茶区推广种植。目前在广西及其他地区推广种植。

栽培要点：该品种发芽特早，冬管工作要比其他品种提早1个月，在10月下旬要完成，每667m² 施菜籽饼200～250kg。该品种易受小绿叶蝉及螨类危害，秋冬季应加强清园及冬防工作。该品种立体发芽，产量高，持嫩性稍差，春茶采摘洪峰期较集中，需注意安排劳力勤采，以保证春茶的产量和质量。

二、尧山秀绿

来源：该品种由广西桂林茶叶科学研究所从"鸠坑种"有性系茶园中采用系统选育法育成。2010年通过全国茶树品种鉴定委员会鉴定，编号：国品鉴茶2010008。品种选育者：覃秀菊、罗小梅、赖兆荣等。

特征：无性系，灌木型，中叶类，特早芽种。树姿开展，分枝能力强。叶片稍上斜状着生，卵圆形，叶色绿，叶面平滑，叶身稍内折，叶质中等。叶脉7对，叶长8.3cm，宽4.2cm。花冠直径2.8～3.0cm，花瓣数7，柱头长0.8cm，柱头3裂，子房茸毛多。

　　特性：在广西桂林2月中旬萌芽，一芽一叶于2月20～25日开展。春茶芽叶翠绿色，新梢一芽三叶百芽重54g。春茶一芽二叶干样约含水浸出物43.2%、氨基酸4.4%、茶多酚16.2%、咖啡碱2.1%。产量高，每667m²产鲜叶759kg。适制高档烘青绿茶，制出的绿茶外形紧细绿润，汤色黄绿明亮，香气显花香，滋味鲜爽含花香。抗旱、抗寒、抗虫性较强，适应性广，易于种植，成园快。

　　适栽地区：广西、四川、湖北及生态条件相似的茶区适宜种植。目前在广西及其他地区推广种植。

　　栽培要点：短穗扦插成活率高，需较高的肥培管理水平，冬管工作需提早进行。

尧山秀绿嫩芽

尧山秀绿植株

尧山秀绿茶园

尧山秀绿春茶绿茶样品（单芽）　　尧山秀绿春茶绿茶样品（一芽一叶直条）

尧山秀绿春茶绿茶
茶汤及叶底

尧山秀绿品种制作名优茶的获奖证书

5

三、桂香18号

来源：该品种由广西桂林茶叶科学研究所从凌云白毫茶有性群体种茶园中采用系统选育法育成，2010年通过全国茶树品种鉴定委员会鉴定，编号：国品鉴茶2010009。品种选育者：覃秀菊、邱勇娟、罗小梅等。

特征：无性系，灌木型，中偏大叶类，早偏中芽种。树姿半开展，生长势旺盛，持嫩性和分枝能力较强。叶片上斜状着生，椭圆形，叶色绿，叶面平滑，叶身稍内折，叶质中等。叶长9.3cm，宽4.3cm，叶脉9对。花冠直径3.8～3.9cm，花瓣数6，柱头长1.4cm，柱头3裂，雄蕊高位，子房茸毛少。盛花期在11月中旬，结实能力低。

桂香18号新梢

桂香18号植株

桂香18号茶园

特性：在广西桂林，一芽三叶期在3月中下旬。育芽能力较强，春茶芽叶浅绿色，茸毛少，新梢一芽三叶百芽重50g。春茶一芽二叶干样约含水浸出物48.2%、氨基酸4.6%、茶多酚24.9%、咖啡碱3.9%。产量高，每667m²产鲜叶657kg。适制绿茶、红茶和乌龙茶。制绿茶，外形紧细带毫，色泽绿润，汤色黄绿明亮，花香高锐持久，滋味鲜爽；制红茶，色泽棕红，汤色红亮，香气高纯，滋味浓鲜；制乌龙茶，汤色黄亮，花香纯正持久，滋味浓醇滑口。抗寒、抗旱、抗虫能力强。

桂香18号春季绿茶扁形茶样品

春季条形工夫红茶样品

桂香18号品种制作名优茶的获奖证书

适栽地区：适合在广西、湖北等生态相似的茶区种植。目前已在广西及其他地区推广种植。

栽培要点：短穗扦插成活率高，对肥培管理水平要求较高。

7

四、桂红 3 号

来源：原产广西临桂县宛田乡黄能村栽培的宛田大叶群体种，后经广西桂林茶叶科学研究所通过单株选育而成。1994 年通过全国农作物品种审定委员会审定，编号：GS13001—1994。品种选育者：韩志福、覃秀菊。

特征：无性系，小乔木型，大叶类，晚生种。树姿半开展，分枝密度中等。叶片半上斜状着生，长椭圆形，叶色绿，光泽性强，叶面微隆，叶身内折，叶缘微波，叶尖钝尖，锯齿浅而稍密，叶质较厚。花冠直径 4.2cm，花瓣数 6，柱头长 1.2cm，柱头 3 裂，子房茸毛多，盛花期为 11 月中旬至 12 月下旬，开花多，但结实率很低。

桂红 3 号嫩梢　　桂红 3 号植株

桂红 3 号茶园

特性：桂北地区一芽三叶期在3月下旬。育芽能力及持嫩性较强，嫩芽绿色，肥壮，茸毛中等，春季一芽三叶百芽重110g。春茶一芽二叶干样约含水浸出物47.8%、氨基酸3.6%、茶多酚23.8%、咖啡碱2.6%。产量高，每667m²产鲜叶507kg。适制红茶、绿茶和黑茶。制红茶，色泽乌润，香气高锐，滋味浓强、鲜爽，汤色红亮；制绿茶，色泽深绿，稍显毫，汤色黄绿明亮，香气高爽，滋味浓醇；制黑茶，色泽红褐色，汤色红浓，香气、滋味醇爽。抗旱、抗寒能力较强，但抗叶螨能力较弱。

桂红3号红茶茶样　　　　　　桂红3号红茶茶汤和叶底

适栽地区：华南红茶、绿茶茶区。目前在广西推广种植。

栽培要点：宜选择土层深厚肥沃地块种植，注意叶螨类害虫的综合防治。

五、桂红4号

来源：原产地为广西临桂县宛田乡黄能村栽培的宛田大叶群体种。后经广西桂林茶叶科学研究所通过单株选育法育成。1994年通过全国农作物品种审定委员会审定，编号：GS13002—1994。品种选育者：韩志福、覃秀菊。

特征：无性系，小乔木型，大叶类，晚生种。树姿开展，分枝较密。叶片呈水平状着生，椭圆形，叶色绿，光泽性强，叶面微隆，叶身平展，叶缘平直，叶尖钝尖，叶齿浅而疏，叶质柔软。叶长11.4～13.0cm，宽4.4～5.0cm，侧脉7～12对。花冠直径4.0cm，花瓣数6，柱头长1.07cm，柱头3裂，子房茸毛多，盛花期10月下旬至11月中旬，开花多，结实能力强。

桂红4号嫩梢

桂红4号植株

桂红4号茶园

特性：桂北地区一芽三叶期为3月下旬，属晚芽种。育芽能力和持嫩性中上，嫩芽黄绿肥壮，茸毛少，一芽三叶百芽重120.0g。春茶一芽二叶干样约含水浸出物48%、氨基酸4.0%、茶多酚24.0%、咖啡碱4.6%。产量高，每667m²产鲜叶542.6kg。适制红茶、绿茶和黑茶。制绿茶，色泽深绿，汤色清澈，具有嫩香，滋味清爽；制红茶，色泽乌润，汤色红亮，香气高锐，滋味浓爽；制黑茶，色泽红褐，汤色红浓，香气、滋味醇爽。抗旱、抗寒性较强，但抗橙瘿螨能力较弱。

桂红4号红茶样

桂红4号红茶茶汤和叶底

　　适栽地区：华南红茶、绿茶茶区。目前在广西推广种植。

　　栽培要点：宜选择土层深厚肥沃地块种植，因发芽期较晚，可调节采摘高峰期和茶类结构。

六、桂香22号

　　来源：该品种由广西桂林茶叶科学研究所从凌云白毫茶有性群体种茶园中采用系统选育法育成，2010年获广西农作物品种登记证书，编号：（桂）登（茶）2010004。品种选育者：覃秀菊、邓慧群、邱勇娟等。

　　特征：无性系，小乔木型，中叶类，特早芽种。树姿半开展，分枝能力较强。叶片稍上斜状着生，椭圆形，叶色翠绿，叶面平滑，叶身稍内折，叶质中等。叶长6.8cm，宽2.9cm，叶脉8对，花冠直径3.5～3.8cm，花瓣数7，柱头长1.3cm，柱头3裂，雄蕊高位，子房茸毛少。

桂香22号茶芽

11

桂香22号植株

桂香22号嫩梢

桂香22号茶园

　　特性：在广西桂林于2月8～12日萌芽，2月18～25日一芽一叶开展。春茶芽叶翠绿色，茸毛中等，一芽三叶百芽重70g。春茶一芽二叶干样约含水浸出物43.2%、氨基酸4.1%、茶多酚17.0%、咖啡碱3.4%。产量高，每667m²产鲜叶702.5kg。适制绿茶和红茶。制绿茶，外形翠绿带毫，汤色碧绿，香气高锐，滋味浓而鲜爽；制红茶，色泽棕润，汤色红亮，花香高纯，滋味浓厚鲜爽。抗逆性较强。

　　适栽地区：广西茶区及生态条件相似的茶区。目前在广西及其他省份部分地区推广种植。

桂香22号绿茶样　　　　　　桂香22号绿茶茶汤和叶底

桂香22号品种制作
名优茶的获奖证书

栽培要点：扦插成活率高。属特早芽种，冬管工作宜提早进行。

七、桂热1号

来源：该品种由广西亚热带作物研究所试验站和广西职业技术学院选育。原产广西龙州县彬桥乡，广西西南龙州茶区有较大

面积栽培。2006年获广西农作物品种登记证书，编号：（桂）登（茶）2006009号。

特征：无性系，乔木型，大叶类，早生种。植株高大，树姿半开展，分枝角度较大，分枝多。叶片上斜状着生，椭圆形，叶色绿，富有光泽，叶面隆起，叶身平或稍内折，叶缘平直，叶尖渐尖，叶齿细浅，叶质厚脆。花冠直径3.28cm，萼片3枚，花瓣白色5瓣，子房茸毛中等，花柱浅裂。

桂热1号芽和新叶

桂热1号植株

桂热1号茶园

特性：原产地一芽三叶期在3月上旬至下旬。萌芽能力较强，持嫩性好，芽叶粗壮，绿色，一芽三叶百芽重205g。春茶

一芽二叶干样约含水浸出物
54.5%、氨基酸2.2%、茶多酚
25.2%、咖啡碱3.2%。产量高，
每667m²产鲜叶770.3kg。该品
种适制红茶、绿茶，品质优异。
制红茶，外形肥壮，锋苗好，
显毫，高香持久，滋味醇厚，
汤色明亮。

桂热1号黄茶样

桂热1号品种相关项目获奖证书

　　适栽地区：华南红茶、绿茶茶区。
　　栽培要点：宜选择土壤酸性、湿度较高、土层深厚肥沃的地
块种植。按常规茶园栽培管理。

八、桂热2号

　　来源：该品种由广西亚热带作物研究所试验站、广西职业技
术学院选育。原产广西龙州县彬桥乡，广西西南龙州茶区有较大
面积栽培。2006年获广西农作物品种登记证书，编号：（桂）登
（茶）2006010号。

特征：无性系，乔木型，大叶类，早生种。植株高大，树姿半开展，分枝角度小，分枝较多。叶片上斜状着生，叶片长，叶色绿，叶面隆起、内折，叶缘波状，叶尖骤尖，叶齿细浅，叶质厚脆。花冠直径2.2～2.5cm，萼片3枚，花瓣白色5瓣，子房茸毛多，柱头3浅裂。

桂热2号一芽二叶

桂热2号植株

桂热2号茶园

特性：原产地一芽三叶期在3月上旬。萌芽能力较强，持嫩性好，萌芽整齐，芽叶粗壮，绿色，茸毛特多，一芽三叶百芽重159g。春茶一芽三叶干样约含水浸出物54.5%、氨基酸3.4%、茶多酚18.8%、咖啡碱3.2%。产量高，每667m^{2}产鲜叶627.4kg。该品种适制红茶、绿茶，品质优异。制红茶，外形肥壮，锋苗好，显毫，高香持久，滋味醇厚，汤色明亮。

桂热2号品种制作名优茶的获奖证书

桂热2号品种相关项目获奖证书

桂热1号、桂热2号品种相关
项目获奖证书

适栽地区：华南红茶、绿茶茶区。

栽培要点：宜选择土壤酸性、湿度较高、土层深厚肥沃的地块种植。按常规茶园栽培管理。

九、桂职1号

来源：该品种由广西职业技术学院采用福鼎大白茶为母本、上林安塘种为父本进行有性杂交，从F_1群体中选育的茶树新品种。2013年获广西农作物品种登记证书，编号：（桂）登（茶）2013007号。选育者：黄秀兰、刘永华、古能平等。

特征：无性系，小乔木型，中叶类，早芽种。树姿半开张，分枝密，叶片呈下斜着生。叶正面革质，发亮，长椭圆形，叶长7.7～8.2cm，叶宽2.5～2.7cm，叶尖渐尖，叶基(阔)楔形，叶背面有茸毛；侧脉11～13对，上下两面均稍微隆起，锯齿较尖，齿刻相隔1.4～1.7mm，叶柄长5～7mm，放大10倍观察可见上下均有茸毛。芽头肥大，表面着生茸毛，一芽一叶时期，嫩茎上布满茸毛；盛花期在每年11月中旬，花果多。

桂职1号一芽二叶

桂职1号植株

桂职1号茶园

特性：该品种在广西南宁于2月下旬萌芽，呈立体发芽，周年芽梢翠绿，茸毛多，叶面稍隆起，新梢一芽二叶百芽重33g，干样含水浸出物49.4%、氨基酸4.0%、茶多酚25.1%、咖啡碱4.7%。每667m²产量高达718.6kg，适制绿茶、红茶。制绿茶，外形条索紧结，色绿毫显，内质汤色绿、明亮，香气嫩香浓，滋味鲜醇，叶底嫩绿明亮；制红茶，外形条索紧结，色乌润金毫显，内质汤色红亮，香气甜香浓郁，滋味甜鲜，叶底红匀、明亮。该品种耐

桂职1号绿茶样及茶汤

桂职1号红茶样及茶汤

旱、耐病虫害，抗茶橙瘿螨能力强，但易受小绿叶蝉危害。

适栽地区：该品种适应性强，在广西红、黄壤等酸性、微酸性土壤中都可以建园。

栽培要点：该品种发芽早，冬管施入基肥时间要提前，要求在11月上旬到中旬完成，每$667m^2$施饼肥300kg。该品种易受小绿叶蝉危害，应加强清园和注重冬季绿色防控。该品种立体发芽，产量高，且春茶洪峰集中，应注意采取及时分批多次采摘，加强质量和产量的管控。

推广应用情况：桂职1号茶适宜广西各地种植，目前已在广西南宁江南区、藤县、平南、横县、上林等县推广种植40余hm^2，采摘桂职1号茶树鲜叶加工的工夫红茶——"广职红"，外形色泽乌润油亮，显金毫；内质汤色红艳，金圈红亮；香气馥郁，以甜香为主，略带花果香；滋味醇厚，生津回甘，备受各界人士喜爱。

十、凌云白毫

来源：凌云白毫又名凌云白毛茶。原产广西凌云和乐业等县，主要分布在广西百色市各县，种植面积约2万hm²。1985年通过全国农作物品种审定委员会认定，编号：GS13026—1985。

特征：有性系，小乔木型，大叶类，晚生种。植株高大，树姿直立，分枝较稀。叶片呈水平状或下垂着生，椭圆形，叶面强隆起，叶色灰绿或黄绿，少光泽，叶缘波状，叶尖渐尖或骤尖，叶齿细密，叶质薄软。花冠直径3.37cm，柱头长1.06cm，柱头3裂，花瓣数5～8，子房茸毛多，盛花期11月下旬至12月中旬，结实性较弱，成熟茶果绿色。

特性：原产地一芽三叶期在3月下旬至4月上旬。育芽能力中等，芽叶肥壮，色泽黄绿，茸毛特多，一芽三叶百芽重99g。春

凌云白毫嫩梢

凌云白毫植株

凌云白毫茶园

茶一芽二叶干样约含水浸出物44.96%、氨基酸3.36%、茶多酚24.6%、咖啡碱3.54%。产量中等，每667m²产鲜叶452.6kg。适制红茶、绿茶、黑茶、白茶和黄茶。制红茶，汤色红艳，滋味浓强、鲜爽，香高持久，且有特殊花香；制绿茶，白毫满披，滋味浓醇，回味甘甜，栗香高。抗寒、抗旱性较弱。

　　适栽地区：华南和西南部分（红茶、绿茶）茶区。

　　栽培要点：宜选择在气候温和、温差小、湿度大、日照短、土层深厚、有机质丰富的生态条件下种植。

第二章　短穗长侧枝苗木繁育

短穗长侧枝苗木繁育主要包含培育母穗园、建立繁育圃、剪穗扦插，技术流程图如下：

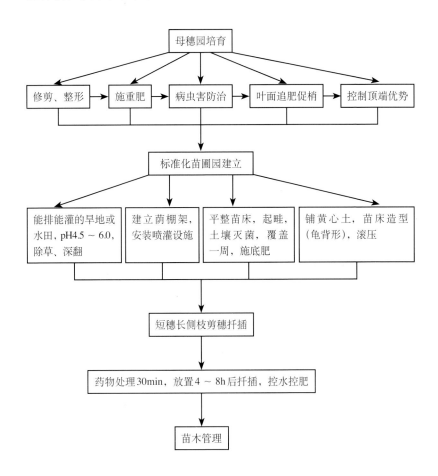

一、短穗长侧枝母穗园的培育

1. 施重肥与病虫害防治　苗穗质量的好坏是扦插成活和培育壮苗的基础，宜采用三年生以上、生长健壮、品种纯正的茶园或台刈更新1～2年的作为母穗园。

每年秋天，将选定品种茶园进行整形修剪，深耕施重肥，开沟深度为25cm，将肥料均匀施放，然后盖土，避免肥料裸露。施肥水平比普通生产茶园高一倍以上，每667m^{2}施高效复合肥400kg；或将饼肥250～400kg、过磷酸钙40kg、硫酸钾40kg、尿素20kg兑水拌匀，堆沤发酵30d施下，堆沤时可用塑料薄膜覆盖加速发酵；或每667m^{2}施农家肥2 000～3 000kg。

喷无公害农药进行冬防，可用石硫合剂进行冬季清园，减少病虫源。

2. 追肥与摘顶促芽　选择青、壮龄期的无性系茶树良种植株作为母树，春茶结束后及时剪去树冠表面10～15cm的细弱枝，修剪后对根部追肥，每667m^{2}施硫酸钾复合肥5kg加尿素20kg，生长期间进行2～3次叶面追肥，每10～15d喷施1次，叶面肥可用植物生长调节剂加磷酸二氢钾或素安中草药植物营养素。

当母穗长至50cm以上、顶芽尚未停止生长时进行摘顶催芽，人工摘去一芽1～2叶。打顶后喷施1次叶面肥，每隔7～10d喷施1次，连续喷施3次，以促使母穗侧枝萌发和生长。在剪穗前一周进行一次病虫害防治，严禁将病虫源带到苗圃。

3. 摘顶促芽的技术原理　根据茶树具有明显顶端优势的原理，往往是顶芽首先萌发生长，腋芽经常处于受抑制的状态，当顶芽生长时，处于下部的腋芽潜伏不发或生长缓慢，顶端优势的产生与生长素有关，顶芽在旺盛生长时产生了大量的生长素，通过韧皮部向下传导，浓度低时能促进腋芽生长，而浓度过高时则抑制腋芽生长。当把顶芽摘除后，向下运输的生长素减少，顶芽下方的腋芽就会迅速生长。因此，技术的关键是在加强肥培管理下，促使新梢旺盛生长，当嫩梢长至50cm以上，顶芽尚未停止生长（顶芽不能形成驻芽）时及时摘除顶芽，经过约20d的时间，顶芽下部的腋芽可迅速长出10～20cm的嫩梢。

4.短穗长侧枝与短穗扦插的比较　短穗长侧枝扦插技术的母穗培育法，是利用母树的优势培养具有一定高度的穗条后剪穗，从摘顶后15～20d即可培育成10～15cm或20～25cm的侧梢，因此在8月扦插时就已具备10～25cm的高度，15～20d发根后，10月可又长一季新梢，因此4～5个月即可出圃，即8月扦插，12月或翌年1月即可出圃，出圃苗木高度达20～30cm。

短穗扦插技术的母穗培育法，是当新梢生长至30cm以上、顶芽形成驻芽时摘除顶芽。这种技术的特点是当顶芽停止生长形成驻芽时，整个枝梢也同时处于休眠状态，需20～30d后腋芽才开始萌动，然后剪成一个腋芽、一片成熟叶、一个约3cm长半木质化的枝节扦插。而短穗扦插由于扦插时短穗上的腋芽只是膨大，尚未长出芽叶，扦插发根后，要长2～3个季度才能长出约20cm的高度，因此从扦插到出圃需要1年左右的时间。

优质母穗园

穗　条

优质母穗

二、扦插苗圃的建立

（一）苗圃建立方法

苗圃建立主要包含以下步骤：搭荫棚架→苗床分畦→土壤灭菌→铺红黄壤心土→苗床整形。

1.苗圃地的选择　苗圃地的选择及建立，直接影响苗木扦插后的发根及生长情况。苗圃地要求土质疏松、通透性好，pH为4.5～6.0，水源充足，能排能灌，地势较平坦，交通方便且较避风。可选水田或旱地，但种植过烟草、麻类、蔬菜的田地不能作茶苗圃。

苗圃地一般不宜连续多年扦插，扦插2～3年后的苗圃应该与绿肥轮作，以增加土壤肥力。如需多年连作，必须对土壤进行暴晒和消毒。

2. 荫棚架搭建　建立荫棚架，可搭平顶高棚或弧形高棚。

平顶高棚采用水泥柱或者木桩、竹桩均可，高 2.5 ～ 3m，深埋地下 50 ～ 80cm，桩子间距为 4m×4m，桩子与桩子之间上方用 8 ～ 10 号铁丝横竖拉紧固定，桩子间 4m 的间距用 10 ～ 12 号铁丝按间距 2m 交叉固定。铁丝网搭好后，在下方安装喷灌设施，上方铺盖遮光率为 75% 的黑色遮阳网，并用细铁丝或捆扎绳固定。这种荫棚搭建方法简便，可以连续使用，所用桩子及铁丝量较少，且操作方便，透光均匀，通风透气性好。

弧形高棚材料使用钢架结构，棚顶高度为 3.0 ～ 3.5m、宽 8m、两侧高度 2.5m、长 30 ～ 50m。

平顶高棚苗圃的建立

3. 龟背形苗床建立

（1）苗床分畦与消毒　将苗地的杂草、石头等杂物清除出圃，并进行深翻、整细、耙平，晒 5 ～ 7d，分畦，畦高 10 ～ 15cm、宽 1.2 ～ 1.5m、长 10m ～ 20m，可依地势而定，苗圃内过道宽

30cm。苗圃四周设排水沟。苗床施足基肥，肥料与土壤充分拌匀。用多菌灵500倍液淋施，铺塑料薄膜覆盖苗床，进行土壤消毒灭菌。

苗圃土壤消毒灭菌

（2）铺红黄壤心土与造型　选择结构良好、土质疏松、透气性好的红黄壤心土（表土部分不要）铺一层在苗床上，这种土病菌少，不易感染插穗剪口，有利于插穗剪口的愈合生根，同时可避免杂草丛生。铺心土的厚度在6～8cm，将土整细耙平，并将苗床表面整理呈微弧形，形似"龟背"。可用自制圆柱形滚压筒来回滚压3～4次即可，压紧后的心土厚度约5cm，滚压好的苗床如未能及时扦插应用薄膜覆盖保湿备用。

（3）滚压筒的制作　圆柱形长50～60cm、直径10～12cm、重约15kg，在上面安装一根长150cm的手柄。滚压筒不要太重，否则会使苗床压得过紧，表土过于紧实而不利于扦插及根系生长。

使用滚压筒对苗床造型

（二）苗床不同造型的效果比较

传统的水平形苗床是用木板来拍紧苗床，花费时间长，效率低，成本高，且苗床通透性不好。龟背形苗床利用滚压筒造型，效率高，耗费人工少，成本低，且透水性及通风透气性好，充分利用空间，提高土地利用率，并提高苗木成活率和出圃率。

龟背形苗床的扦插效果

三、长侧枝剪穗扦插

1. **长侧枝**　剪取半木质化、长
2.5 ~ 3cm 的穗节，有 1 片成熟叶和 1
枝长 15 ~ 20cm 的侧梢。

2. **剪穗**　全年均可扦插育苗，选
在夏秋两季无雨天进行为宜。在剪穗
前一周根据母穗园发生的病虫害情况
喷施药物一次。当母穗枝干达到半木
质化、侧芽长成 15 ~ 20cm 的侧梢时，

短穗、侧枝、短穗长侧枝

即可采集穗条进行扦插。为避免高温对穗条的损伤，晴天应选择上
午 10 时前或下午 4 时后采集穗条，阴天则可根据需要随时剪穗。

剪取长度为 2.5 ~ 3cm 的穗节 + 1 片成熟叶 + 1 个长 15 ~ 20cm
的侧梢，侧枝长度超过 20cm 时，应剪去顶芽，使侧枝长度相对一
致。剪好的插穗需用绳子捆扎成小捆，插穗底部要求每一根都齐
平，将每捆插穗放到盛有生根水的盆子里，生根水浸泡插穗茎部
2 ~ 3cm，约 30min 后取出待扦插。

生根水的配制：用 75% 的酒精 50ml 溶解 1g 绿色植物生长调节

剪穗

插穗捆扎浸泡生根水

剂（GGR）后，兑水4～5kg，搅匀备用。

3.扦插　扦插时间应避开中午高温时段，一般在上午11时前或下午4时后。扦插前将苗床喷湿喷透，土壤湿度达70%～80%。扦插行距8～10cm、株距1.5～2cm，深度以叶柄与地面接触为宜，大叶种每667m²扦插数量为20万～25万株，中小叶种每667m²扦插数量为30万～35万株。

长侧枝扦插

弧形高棚苗圃长侧枝扦插

四、苗木管理

1.水肥管理　三分扦插，七分管理。扦插初期，插穗无根，重点在于淋水。此时段的管理尤为重要，直接关系到插穗的生根速度和成活率。淋水要勤，但一次不能过多，扦插后及时喷湿喷透苗木。扦插第二天喷施一次石灰半量式波尔多液（1 ：0.5 ：100 ～ 200）预防病虫害的发生。

扦插后15d内为阴天的，每天早晚各喷1次水；高温天气（日最高气温≥34℃）时，每天喷4次水（喷水时间为10:00、12:00、15:00、17:00），每次喷3 ～ 5min。15d后喷水次数逐渐减少，以土壤保持湿润、茶苗嫩梢不萎蔫为宜。

扦插发根后（根系长出1cm以上）每月追施有机水肥一次，每50kg水加0.3kg硫酸钾复合肥淋施，施肥后喷水冲洗叶片上的肥料。

2. 病虫害防治 长侧枝扦插繁育密度大，覆盖率高，通透性较短穗扦插的苗圃差，苗圃地有遮阴棚，湿度大，容易诱发病虫害。因此，对于苗圃地的各种病虫害要以防为主。平时要勤观察，及时发现及时治疗，确保苗木正常生长。

结合苗木水肥管理作业勤观察病虫害动态，发现局部有病叶时立即摘除并用生物农药进行防治，以防大面积的病害发生。虫害要掌握在幼虫期进行防治，预防大面积受害。

苗圃常见病害有云纹叶枯病、炭疽病、轮斑病、立枯病、根腐病。

（1）扦插发根前的病害预防 每隔15 ～ 20d喷施1次波尔多液或素安中草药营养素预防各种病害的发生。

（2）叶部病害 当发现局部叶片有病害发生时就开始喷药，主要用素安中草药营养素或多抗霉素、黄腐酸盐、硫菌灵、百菌清等无公害农药喷施1 ～ 2次，每隔7 ～ 10d喷1次。

（3）植株病害 主要有立枯病、白绢病等，发现病害时及时将病株拔除，并带出苗圃烧掉，以减少病源侵染。用素安中草药营养素、波尔多液、代森锌、百菌清或黄腐酸盐喷施或对病株附近的苗木进行淋施。

（4）根部病害 主要有根腐病、根癌病、根结线虫病，发现病苗及时拔除烧掉，用十三吗啉乳油、多菌灵、1%硫酸铜或代森铵淋施病苗及附近的苗木。

3.苗木出圃　扦插后4～6个月即可出圃，合格苗木高度18～30cm，粗度0.2～0.5cm。出圃前一天下午将土壤喷湿喷透，土壤湿度达70%～80%为宜。根系保土，每100株为一捆。

长侧枝扦插法育苗，半年出圃的苗木

苗木出圃率高

"茶树优良品种扦插繁育产业化开发研究"项目获得2009年度广西科技进步二等奖荣誉证书

第三章　茶园栽培管理

一、茶园建设

1. 茶园环境　海拔160 ~ 1 600m，坡度25°以下；年均气温14 ~ 22℃，绝对最低气温 –10℃以上，绝对最高气温43℃以下；土壤厚度60cm以上，质地疏松肥沃，pH4.5 ~ 6.0，红壤土、赤红壤土或黄壤土；雨量充沛，排灌方便。茶园应远离化工厂和有毒气体、水质、土壤等污染源。与主干公路、荒山、林地、农田等的边界应设立缓冲带、隔离沟、林带或物理障碍区。

2. 园地规划与建设　总体原则：有利于保护和改善茶区生态环境，维护茶园生态平衡和生物多样性，发挥茶树良种的优良种性。

根据园地规模、地形和地貌等条件，设置合理的道路系统，包括主道、支道、步道和地头道，便于运输和茶园作业。大中型茶场以总部为中心，与各区、片、块有道路相通；规模较小的茶场设置支道、步道和地头道。建立茶园节水灌溉系统，做到能排能灌。

3. 茶园开垦　茶园开垦应注意水土保持，根据不同坡度和地形，选择适宜的方法。平地和坡度15°以下的缓坡地等高开垦；坡度在15°以上时，可梯田式开垦或顺坡开垦种植。

茶园开垦

二、茶苗种植

1. 种植时间　一般在11月中下旬至翌年2月中旬为适宜种植期。这个季节茶苗地上部分停止生长，地下部分的根系生长旺盛，此时移栽有利于迅速恢复根系，使茶苗在下一年能尽快恢复生长提早萌发一轮新梢。若秋季干旱严重，可在翌年早春雨水逐渐增多又无冻害时移栽，可提高移栽后茶苗成活率；移栽时最好选择阴天，或是种植7～10d后有降雨的时间进行。

2. 开种植沟　茶行宽度为1.4～1.5m，在划分好的茶行中间开沟，挖沟时将表土层与心土层分开堆放，挖沟深度40cm、宽度60cm，挖好沟后，先将表土

开种植沟

层回填10cm，再结合深施基肥，将经过堆腐和无害化处理的畜禽粪便（猪粪、牛粪、羊粪等）、麸类（花生麸、茶籽饼、桐籽饼）或茶叶专用复合肥施入沟底，每667m²施堆腐处理好的畜禽粪便1 500 ～ 2 000kg或茶叶专用复合肥100 ～ 150kg，使土肥相融，施肥后回填心土覆盖基肥，厚度为10cm。

3.种植规格　采用双行双株"品"字形种植，大行距1.2 ～ 1.5m，小行距40cm，株距30cm，每丛2株，每667m²需5 000 ～ 6 000株茶苗，太密太稀都是不适宜的。常规生产茶园双行条栽：大行距1.5m，小行距40cm，株距33cm，每丛2 ～ 3株，每667m²约需4 000株茶苗。

4.浆根技术　茶苗种植前需要进行浆根，这是提高种植成活率的重要措施之一。在茶园开阔地挖土坑或者用塑料桶，选用无污染、无杂质的黄泥心土、水放置坑（桶）内；配制生根水：经过试验证明使用北京艾比蒂研发中心生产的ABT 3号生根水进行浆根，发根效果明显，方法是将ABT 3号生根粉用60°以上的酒精或高度白酒搅拌溶解后兑水，用量是ABT 3号1g兑水60kg；再将黄泥和生根水搅拌均匀，不干不稀，呈浓稠状。把茶苗根部浸入泥浆中蘸拌，提起茶苗后根部黏附有泥浆，以泥浆不成团、又不滑落、蘸均匀为宜。茶苗浆根后尽快种植，能促使茶苗根系快速恢复，提高茶苗成活率。

5.种植技术

（1）平地种植技术　将浆好根的茶苗按株距30cm规格摆放于种植沟内，摆放的过程中将细弱的和矮小的不合格苗木分拣出来（分拣出的不合格苗木可以集中进行假植，加强水肥管护，可以用来补苗），茶苗摆放好后进行种植，种苗者一手持2株苗，将苗扶直在种植行，苗与苗要分开，一手在种植沟内回土覆盖，覆盖时尽量选用下层较湿润、松散的土，将土覆至不露须根时，再用手将茶苗向上微微一提，使茶苗根系自然舒展，然后用锄头进行盖土，厚度为8 ～ 10cm，用双脚踩紧压实，浇足定根水（定根水不管晴天或阴雨天，一定要浇足，这是茶苗成活的重要措施之一，因为新茶树根系与土壤间有很多空气，没有完全接触，根系吸取不了土壤中的水分），待水渗透完后继续加盖一层厚3～5cm的松土，以防水分蒸发，便于茶苗尽快恢复生长，并提高茶苗成活率。

（2）山地种植技术　针对高山茶园普遍存在水源少、土层较薄、沙质土、保水保肥性能差的情况，常规种植对种植沟进行回填全覆盖压平，不利于保持水分，对苗木种植成活率有一定影响。

山地茶园宜采用"深种低覆盖"种植技术：在40～50cm深的种植沟内施足底肥，底肥厚度10～20cm，回土10cm后种植；定植前茶树苗应浆根；种植时将茶树苗按株行距要求摆入种植沟内，扶直，使其根系自然舒展；盖土厚度10cm，压实并淋足定根水；再回一层5cm厚的松土。回土后种植沟留有5～10cm的深度，使其形成一个"凹"形槽，茶园的保水保肥效果更好，可提高幼龄茶苗的成活率。

茶苗"凹"形槽种植后保水效果好

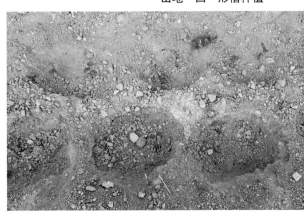

山地"凹"形槽种植

三、茶园管理

所谓良种良法配套，是指优良品种种植效益最大化的相应配套的集成技术措施。要实现茶产业的特色化发展，种植适合本地区栽培的特有品种是基础，同时还需要有配套的科学种植方法，只有在其适应的栽培管理条件下才能充分发挥最大增产潜力，这些对于推广茶树良种，发挥品种区域化特色优势尤其重要。茶树是一种多年生木本植物，种植后往往要管护十几年甚至几十年，科学的茶树栽培管理对于发挥良种的优良特性意义重大。

（一）茶园水、肥管理与压枝技术

1. **水、肥管理**　茶苗种植后成活与否，最重要的是水分管理。采用浆根技术处理的茶苗，在种植后7～10d内阴天或有降雨，则可以不淋水；茶园土壤较湿润、早晚有露水的茶园也不用淋水。在干旱季节如久晴不雨，种植后1周，要求每2～3d淋水一次，以后依次减少至茶苗恢复生长。淋水时间在早上10时前或下午3时后，不能在强光高温的中午淋水，必须淋透水，有条件的地方在干旱时应进行灌溉，但要适量。雨天要做好排水工作，特别是大雨、暴雨后，不能长时间积水。种植第二年5月开始施肥，一般用清粪水加尿素淋施，每月1～2次，淡肥勤施，逐渐加浓。

2. **低位压枝快速成园技术**　低位压枝可在苗木种植成活后进行。压枝方法：沿着茶行两边在离茶树根部约20cm处各拉一根铁丝，每隔3m打一个小木桩固定在离地面10～15cm高的地方，然后用手轻轻把足够长的茶树枝梢压下来并固定在铁丝下，同样在茶小行中也固定一根高约10cm的铁丝，并用手将铁丝两边剩余的不够长的枝梢交叉压在铁丝下面并固定。

国内普遍采用定型修剪的方法来扩大树冠，常规技术的不足之处是树冠扩大慢，特别是高山茶园气温低，茶树生长周期短，一般需4～5年才能成园投产。"低位压枝"技术主要是控制茶树顶端优势，使枝梢横向生长。其优点在于：一是使枝叶中的养分及生长素分配均衡，树冠幅度扩大快，封行早；二是枝梢受光率高，促使发芽密度大，生物重量提高57.4%，差异达到极显著水平；三是空间利用率高，最终达到成园快（2～3年成园）、早投产（比常规茶园提早1～2年投产）的效果。

（二）茶园修剪

1. 修剪的目的　幼龄茶园修剪主要是对幼龄茶树定型，提高茶树分枝和扩大树幅，成龄茶园修剪主要是更新树冠，修整树势，达到茶园优质高产的目的。修剪在树冠管理中通常分为定型修剪、轻修剪、重修剪和台刈4种类型。定型修剪主要用于幼龄茶园，轻修剪主要用于抑制茶树枝干顶端生长优势和更新树冠上局部出现的细弱分枝，重剪和台刈是根据茶树衰老程度，依照茶树枝干不同部位不同发育阶段，因树制宜加以选用的改造手段。

2. 幼龄茶园定型修剪　采用低位压枝的茶园种植后不需定型修剪，常规茶园在种植后即需要进行第一次定型修剪，在离地面20cm高处剪去枝梢。在春茶、夏茶和秋茶结束后各进行1次定型修剪，每次修剪均在前一次的剪口处提高10～15cm修剪。修剪掌握"剪高留低、剪里留外"的原则。

第二年以养蓬为主，以采代剪，培养树冠，待春梢长到15cm时，摘去一芽二叶。夏茶开始后每次采摘留1～2张叶片，秋茶结束后进行1次轻修剪，剪去8～10cm的枝梢。

第三年修剪可按成龄茶园进行轻修剪。

3. 成龄茶园修剪

（1）**轻修剪**　常规成龄生产茶园采用轻修剪培养树冠，每年修剪1～2次，生产茶园在春茶采摘结束后15d内或秋茶采摘结束后进行，剪去树冠表面5～10cm的绿叶层，注意保留其采摘最宽面。山地茶园树冠培养采取修剪茶蓬梯面外侧比内侧高5～10厘米的倾斜茶蓬，能有效提高山地茶园茶蓬采茶面积和采摘效率。

（2）重修剪　对管理粗放的低产茶园及衰老茶园应采用重修剪的方法，重修剪的最佳季节在春茶结束后进行，因树制宜地沿水平高度剪去1/2或1/3，同时清理丛内外枯枝、匍匐枝和病虫枝。采用重修剪技术修剪茶园冬季可不修剪，待第二年春茶结束后进行轻修剪培养树冠。

（3）台刈　严重衰老的茶树，枝干皮层灰白、分枝稀少，并出现回枯现象，有的布满地衣、苔藓，有的病虫害严重，树冠上留叶不多，多数枝条丧失育芽能力，根系也向根颈部萎缩，即使增施肥料，亦因吸收功能极差，而难以提高产量，这类茶园适于台刈。台刈时期一般选在春茶结束时进行。

台刈方法是通过砍除茶树地上部分，促进根颈部细胞分化，萌发新芽，重新培养树冠的一种方法。可选用圆盘式茶树台刈机，在春茶采摘结束后，离地面5～10cm处剪去全部地上部分枝条，切口平滑、倾斜。

台刈后的茶园留养夏梢，秋茶打顶采，以养为主，以采为辅，以培养宽大的树蓬。而当年春夏茶则结合茶树生长情况合理留叶采，并做好定型修剪，加强肥水管理。台刈后抽发的新枝，在当年停止生长后，离地面40～50cm修剪。以后，两三年内逐年于上次剪口提高5～10cm修剪，长到约70cm时，按轻修剪标准修剪。

（三）山地茶园顺坡栽培技术

"梯田式"开垦茶园的弊端一是梯壁裸露多，易生长杂草，除草耗费人力物力多，成本高；二是土地利用率低，且按照常规弧形或平行修剪，采摘时都易造成外侧鲜叶漏采或采摘不到，导致原料的极大浪费。为避免这些弊端，可采用"顺坡栽培"技术，即不改变山地地势，不开梯田，顺坡种植和修剪。

1.顺坡种植　坡度≤15°时，顺坡地沿等高线开挖种植沟，宽50cm，上侧沟深30cm，下侧沟深40cm。坡度＞15°时，直接挖种植穴20cm深，种植深度10cm，茶苗采用"凹"形槽种植技术，保水保肥。

顺坡种植

顺坡栽培的茶园

2．顺坡修剪

（1）幼龄茶园修剪　第一次定型修剪的苗木定剪高度为20～25cm。第二次定型修剪在秋梢停止生长时进行，每茶行上侧的苗木定剪高度为30～35cm，下侧的苗木定剪高度为25～30cm，并留外向芽叶。第三次定型修剪在种植后第二年春梢停止生长时进行，定剪高度为坡度上方的苗木在上次剪口上留13cm剪掉，坡度下方的苗木在上次剪口上留8cm剪掉。第四次定型修剪在种植第二年秋梢停止生长时进行，定剪的高度参照第三次定型留的高度进行。

（2）投产茶园修剪　在春茶采收结束时进行第一次修剪，在秋茶结束后进行第二次修剪。采取轻修剪的原则顺坡修剪，上侧树冠高度为65～75cm，下侧树冠高度为55～65cm。

（3）衰老茶园修剪　参照成龄茶园的台刈方法。

（四）茶园采摘

茶树是多年生常绿木本植物，一年中茶树可分若干次采摘，当季采茶对下季的芽叶萌发及其产量、质量有影响，而当年的采摘又会对下一年度甚至更长时间的茶树生长发育及产量、质量产生影响，所以必须高度重视合理科学采茶。

1. 采摘原则

（1）必须符合采摘标准　各类茶叶品质风格不同，鲜叶的采摘标准也就存在差异，严格按各种茶类的标准采摘，才能保证加工的茶叶产量与品质。从茶树采下来的鲜叶称为茶青，名优红、绿茶应采摘茶芽、一芽一叶或一芽二叶初展的新梢；大宗红、绿茶原料采摘以一芽二叶为主，兼采一芽三叶和同等嫩度的对夹叶；乌龙茶应采摘完全开展的新梢上端的2～4片芽叶。

（2）采茶与养树两者兼顾　种茶的目的是为了多采摘芽叶，获得更高产量，而芽叶又是茶叶的营养器官。茶叶的采摘具有双重性。

①茶树通过芽叶吸收二氧化碳，将从根系吸收的水分在阳光下合成碳水化合物(糖类)，进而合成蛋白质和脂肪等有机物，以满足茶树生长发育需要。如果过度采摘芽叶，会严重影响茶树的光合作用，不利于有机物的形成和积累，影响茶树的正常生长和发育。

②适当地采摘芽叶，又能刺激腋芽(生长在叶腋内的芽，通常每一叶腋处只生1个芽，但也有2个或几个芽同生)抽发，所以茶树有"顶芽不采，侧芽少发"的说法。要使采摘和养树兼顾，只有在新梢生长发育过程中，按照茶叶生产要求采摘芽叶，在主要生产季节之后的适当时间采取留叶采，保持一定的叶层厚度，满

足茶树生长发育的需求。

（3）据树龄和树势不同掌握不同采茶方法　采茶是种茶的目的，养树是种茶的手段，留叶是为了更多地采叶。只有根据茶树的树龄和树势不同采取相适应的采摘方法，并与其他栽培措施密切配合，才能收到合理采摘的增产提质效果。一般而言，采摘方法如下：

①幼龄茶树的采摘应掌握"以养为主，以采为辅，采高留低，采里留外，多留少采，轻采养蓬"的原则，如采用"打顶采"。

②成年茶树应掌握"以采为主，采养结合"的原则，采用留部分芽叶采摘法。具体还应根据各地的自然环境、气候、季节及栽培条件来决定。通常只采摘90%的芽叶，留下10%。但春夏季雨水充足、茶叶生长迅速，可采摘95%～98%的芽叶；秋季多干旱，适当预留多一些芽叶，采摘80%～85%的芽叶。

③老年茶树的采摘留叶必须视树势强弱及衰老程度不同而用不同的采茶方法。对于生理机理衰退、光合作用减弱、育芽力降低、芽叶瘦小、对夹叶大量出现的老年茶树，在采摘时要酌情多留叶；树势强的一般可按成年茶树的采法进行。树势较弱的可采取集中留养的采法，即停采一个季节留养，让其恢复生长量后再进行采茶。

④衰老严重的茶树需要实施重修剪或台刈更新树冠，因为茶树重新抽发生长，开始可按幼年茶树的打顶采法；到第二、三年时少采多留，采用留3叶和留1叶相结合的采摘法；当冠高达70cm以上，蓬宽100cm以上时，可用成年茶树的采摘法。

2.茶园机械化采摘　提升机采茶园采摘功效和茶树可持续生产力是一个系统工程，其内容包括品种选择与种植、树冠培养、树形修剪、采摘适期、修剪留养、肥培管理技术、采茶人员培训和采茶机的选配等方面，从栽培技术上讲应该注意以下几个方面。

（1）选择适合机采的品种和种植规格　新发展和需要改造的机采茶园必须要选择适合机采的发芽整齐、生长旺盛、叶面夹角适中的无性系茶树良种，还要注意早、中、晚品种的搭配，对现有品种单一的机采茶园，合理采用修剪、留养等方法调节发芽时期。同时还要注意在传统种植方式的基础上适应机采需要，如按机械化采摘要求修整道路、水沟等。单人采茶机对地形及茶园基础条件的要求较低，但采摘效率较低，双人式、乘坐式等采茶机效率稍高，但由于机器体积大需多人操作，且由于需要跨行作业，对茶园种植规格提出了新的要求，就必须对种植规格进行革新，如适当加大行距为1.8～2m、留出掉头空间等。

（2）培育适合机采的良好树冠　树冠培养对机采鲜叶的产量和品质有重要作用，理想的机采茶园树冠要求冠面平整、发芽整齐、新梢持嫩性好、芽梢直立、节间长度适度、生长势强。由于机采相对于手采属于无选择性采摘，面临着机采鲜叶芽叶不完整、老嫩不均、碎片比例高、带有老叶老梗等一系列严重问题，要解决以上问题，机采茶园树冠培养是关键，适合机械化采摘的树冠应该从修剪、留养、肥培等几个方面综合构建。

（3）实行适合机采的修剪制度和留养方式　机采茶园的树形有弧形和平形两种，修剪和合理留养是机采茶园的关键栽培措施之一，在不同的茶树生育阶段和管理条件下，运用不同的修剪方式调控茶树分枝及生长，可为培养理想的机采树冠打下良好基础。手采茶园改机采茶园需要重点从修剪方面进行树冠改造，不同树龄与基础的手采茶园应采用不同的改造技术，通过建立合理的修剪制度，不断恢复保持茶树树体机能，是机采茶园有效的栽培管理措施。

①对树龄小、生长势好、树冠平整、尚未形成"鸡爪"枝层的，只需轻修剪，剪去突出枝叶即可实行机采。

②成龄茶园中，对茶树长势良好，树冠面平整的茶园，可以采取在春茶前或春茶手工采摘后轻剪的方法，修剪掉茶蓬鸡爪枝和部分较细的生长枝，适当留养后使用采茶机采摘，形成机采树冠面。部分研究提出，采用"先平后弧"的剪采方式，可以扩大采摘面，提高了光能利用率，效果较好。

③对茶树生长较差或树龄较大的茶园，应采用春茶后重修剪

的方法，而后当年留养不采或采顶芽，做到采养结合，待形成良好的树势和分枝后用弧形修剪机定型修剪，形成机采树冠面，每次机采后应及时进行一次整形修剪，可保持平整的采摘面，使下轮萌发相对整齐。

④对茶园基础差、品种混杂、缺株断行严重的低质老茶园，最好进行改种换植。同时，机采茶园一般机采5～6年需要进行一次深修剪，从而持续保持茶园的生产能力。

机采茶园采摘前弧形修剪

（4）**选择合适的机采时期**　开采期是否把握准确，直接关系到机采茶园茶叶的功效。如果是春茶机采名优茶，开采期的确定更为重要，直接影响着鲜叶的等级品质和后续生长效果。试验表明，一般春茶新梢达到采摘标准叶占70%～80%、夏秋茶新梢占50%～60%，且嫩叶开始转深绿色时开采，效果最好。机采的采摘适期、批次应综合衡量茶树品种、采摘季节、园地类型、原料要求、采茶机型号等因素确定。一般来说，每年秋末或春茶后进行轻修剪，修剪深度为3～5cm。每年机采结束后进行一次茶园行间和周边的修剪、清理。

（5）**采取高水平精准的肥培管理**　茶园肥培管理主要分为基

肥、追肥和叶面施肥三种方式，施肥标准按DB45/T 1114之6.3.3条规定执行。机采茶园与常规茶园相比，由于采摘强度大，芽叶损伤相对较大，养分损耗多，机采后茶芽密度会大量增加，芽叶变小，叶片变薄等将会影响着后续茶叶的产量和质量，因此需要有充足的肥料来保证茶树的营养需求，可以采取重施基肥、施足催芽肥等措施。施肥时间：在11月上旬到12月上旬开沟深施；春茶前再追施一次催芽肥，每次机采后可适当施一次追肥。但应该注意的是，从减少茶园化肥投入和注重茶园环境不利影响的角度出发，现代机采茶园应该充分结合利用测土配方施肥技术、灌溉施肥技术、有机肥水溶肥替代技术等精准肥培管理手段提高茶园肥料利用率，兼顾机采茶园营养供给和肥料高效利用的半衡。

(6) 做好机采茶园的生态构建和病虫害防治 虽然机采茶园能够带走大量的虫体和虫卵，降低虫口基数，但由于机采茶园茶蓬面留养新梢相对形成平叶层，通气性差、湿度加大也对引发病虫害起到促进作用，同时叶层过分集中也不方便开展药物防治。因此要重视病虫害防控，结合修剪、冬季封园清园等技术手段减轻病虫害发生。此外，随着生态防治技术的发展，通过营造茶园复合生态种植模式，结合茶园地面覆盖、套种驱避植物、安装杀虫灯诱虫板等绿色防控措施，实现病虫草害综合防控，尽量减少农药投入。

(7) 茶园面积与机械数量按表3-1标准配置。

表3-1 采茶作业与机械数量的配置

作业种类	机 种	每台机械承担面积（hm²）
采茶	单人采茶机	≤1.33
	双人采茶机（弧形、平形）	≤4.67
轻修剪	单人修剪（修边）机	≤2.67
	双人修剪机（弧形、平形）	≤6.67
修边	单人修剪（修边）机	≤12.0
重修剪	轮式重修剪机	≤6.67
台刈	圆盘式台刈机	≤8.0

茶园机械化修剪
与采摘现场会

单人采茶机的
使用方法

四、生态茶园建设

（一）生态茶园建设的必要性

生态茶园是以茶树为主要种植作物，以生态学和经济学的原理为指导建立起来的一种高效益的人工农业生态系统。它可以充分发挥人对茶园生态系统的调控作用，因地制宜地建立多种多样的茶园生态系统，充分利用各种生态资源，从而获得最大的生态、社会、经济效益。

茶产业在长期发展进程中累积起来的一些诸如物种单一、结构简单、生态失衡、水土流失、地力衰退、环境污染、自然品质下降和可持续发展能力不足等诸多弊端,以及茶叶品质和安全质量方面的问题日趋凸显,严重制约着茶业的又好又快发展,亟待破解。生态茶园是现代茶树栽培的发展方向和必然要求,可解决当前集约化茶业生产存在的诸多问题。发展生态茶园、走高效生态经济茶业之路,已直接关系到茶业的转型升级和可持续发展。

1.目前茶园建设中存在的问题

(1) 茶园物种单一　茶园整片开垦,模式单调,缺乏科学规划,林木果树屈指可数,缺乏防护林、行道树和遮阴树。单一的物种结构,破坏了茶园中天敌昆虫的栖息和繁衍场所和环境,山林植被受破坏,水土受冲刷,使生物链由复杂变为简单,削弱了"以虫治虫"的生防效果;同时也使茶树长期无树木遮阴和保护,夏天受烈日暴晒,冬天遭寒风侵袭,影响茶树正常生长。

(2) 土壤质量下降、水土流失严重　传统的耕作方式劈光了梯壁的杂草,致使裸露的梯壁受雨水冲击等原因而脱土崩塌,造成水土流失,保水、保土、保肥能力下降。同时,由于各种原因,广西茶园普遍存在偏施化肥,施有机肥少,茶园土壤质量严重下降。

(3) 药肥滥用、茶园生态人为破坏严重　由于病虫防治等措施不科学,逐步破坏了原有的生态平衡。长期以来,茶农普遍存在着"有虫必治,除虫务尽"的观念,治虫、防病、除草仍靠化学农药,大剂量、频繁连续用药,或几种农药盲目地混合喷施,或长期喷一种农药,不仅药效不显著,害虫还可能产生抗药性,更重要的是制约主要害虫的天敌大量被消灭,茶园生态系统生物多样性降低,生态系统对病虫的自然控制能力大大削弱,造成越喷药虫越多的恶性循环局面,由此导致茶叶农药残留超标、茶园环境污染等一系列生态失衡问题。

2.建设生态茶园的优势

(1) 有利于改善生态环境,提高产量和品质　一是使茶园内部生态良性循环,保持生物多样性,即害虫少,天敌资源丰富,它们之间处于良好的依存制约关系,达到动态平衡。二是茶园外部生态良好，无病虫灾害，园周树木多，植被丰富，鸟雀多，生物多样性好，茶树生长在园林化的环境中。有利于对茶树有害生物的持续控制，从而减少茶叶受到污染。

（2）有利于增加茶叶产值，降低生产成本，提高茶农收入　优质无污染的茶叶可提高产品在市场上的竞争力，在市场上更畅销，其价格通常比普通茶叶高，有利于增加茶农收入。

广西凌云浪伏观光茶园

（3）利于使茶园向观光型、休闲型、农业示范型方向发展　生态茶园具有良好的生态环境，空气清新，是观光、休闲的好去处。结合生态茶园发展集科普和观光为一体的生态旅游茶园，游客可以亲手种茶、采茶、制茶和泡茶，体会茶叶的生产和泡饮过程，在领略心旷神怡的茶园景色中又增长见识，细细品味悠久的茶叶历史、文化。

（4）满足茶树自然生态习性的内在需求　茶树原生于我国西南地区，具有喜温、喜湿、耐阴、耐肥的特定生态习性。虽然人工栽培茶树经过驯化，适应性增强，但要取得高产、优质，需要适宜的环境条件。而建立以茶为主的人工复合生态茶园，可以显著改善茶园小气候，保持水土，提高土壤肥力，满足茶树自然生态习性。

茶园环境监测设备

茶园虫害物理防治设施

（二）生态茶园的建设原则及模式

1. 生态茶园建设原则　遵循生态农业的要求，以现有茶园为建设重点，以调整优化茶园结构、丰富生物多样性和清洁生产为主线，通过实施立体复合栽培、种植或保护护梯作物、合理配置水利设施，并加强科学管理，形成水土保持良好、茶树生长健壮、茶叶优质高产高效的茶园模式。

2. 主要生态茶园建园模式

（1）茶-果复合型　在茶园内合理间种一定数量的果树（如梨、

银杏、桃、李、柿、枇杷、杨梅、柑橘、葡萄等），使茶园不仅有茶叶的经济收益，同时也有果的收益。

（2）茶-林复合型　按照选择林木的不同，可分为普通型林木、经济型林木、混合林木等模式。

①茶树-普通型林木复合模式　即在茶园或梯壁上选择种植杉树、桂花树、桃树、玉兰树、马尾松、樟树、杨树等高干型树木，不仅在夏季可以起到遮阴的作用（荫蔽度宜为30%～35%），使生物群落保持最大的稳定性，秋季落叶能增加土壤有机质含量，而且还有一定的经济效益。

茶林间作模式

②茶树-经济型林木复合模式　在茶园选用油茶、漆树、桑树、油桐、棕榈等中干型经济林木，与普通型林木形成高、中、低三层茶园复合生态群落。

③茶树-混合型林木复合模式　在茶园内进行普通型林木、经济型林木和果木三种林木的混合搭配种植。

（3）茶树-花卉、药材复合模式　在茶树树冠覆盖度较小的幼龄茶园、台刈茶园和丛播稀植茶园中，套种经济效益高的草本花卉、药材，如茉莉花、玉兰花等香花或者月季、茶花等花卉，以

茶园种植金桂

苍梧八集山庄复合生态茶园

及形成茶树与花卉、药材的生态群落，间种的花卉在开放时使茶鲜叶中略有花香，间种的药材除了具有一定的经济价值以外，丰富了茶园生物多样性，还对茶园一些害虫具有驱避作用。

（4）茶树-绿肥、牧草复合模式　在茶园（特别是幼龄茶园）选用的绿肥多用豆科植物，与茶树间作可以提高光能利用率，根瘤菌固氮作用可以提高土壤肥力。可选用的绿肥品种有豆科的紫

茶园立体种植百香果

云英、绿豆、花生、蚕豆、平托花生和十字花科的油菜、肥田萝卜（茹菜）等。

牧草能够在一定程度上调节茶园土壤温度，盛夏降低茶园温度，特别是在新种茶园能够短时间覆盖地表，有效保持了茶园水土，可以作为茶园地面覆盖的草源和有机肥源。此外，还可以利用牧草饲养家禽家畜，提高山地茶园开发利用效益。

茶园间作绿肥

茶园间作牧草

（5）多物种复合模式 由林、茶和草本植物构成的3层或4层的乔、灌、草多物种复合立体空间类型，这种模式模拟了天然森林群落的高低生态位错落，更加充分地利用了环境资源，维持长期较高的生产力，大大提高了系统的经济效益和生态效益。

（6）茶树-林木-禽畜-沼气复合模式（有机废物多级综合利用的模式） 在茶园山顶和园中空缺地及道路、沟渠两旁种植落叶果树或林木，或在园中种植带状防护林、隔离带，梯壁留草或种草，幼龄茶园和未封行茶园种植绿肥，茶园内圈养鸡、羊等，用粪便生产沼气作燃料，沼气液、渣作为优质的有机肥源，茶末、茶梗等下脚料是理想的饲料添加剂，能够提高禽畜的体质，提高肉质和卖价。

利用禽畜粪还田，或在茶园中直接养羊、鸡等，协调生态，达到茶、林、牧生态效应的良性循环，注重茶叶生产基地生物栖息地的保护，促进各类动物、植物及微生物种群的繁衍发展。

茶园沼液灌溉管道

（三）生态茶园的建设及管理

1. **建园基础** 未来茶园种植管理应该从注重数量面积的增加转移到单产和综合质量效益的提升。发展茶园的基地应具有优良的生态环境条件：新辟生态茶园要选在自然生态条件好的山区、半山区、库区等地发展。森林植被茂盛，土壤深厚肥沃，环境气候适宜。面向未来，在茶园种植规格和方式上，生态茶园的种植方式应该充分考虑当地的坡度及山地地形，采用多物种间种、1.5～2.0m 的大行距种植规格等新型种植方式，以适应资源合理充分利用、中大型机械化管理、景观资源配置等的需要。

2. **建园种树种草** 茶园建设中对于山坡梯壁上原有的绿草，如果不影响茶树的生长，可以考虑留存或以割代锄，应常年保持茶园梯壁上有绿草覆盖。在间种植物选择上应充分利用原有或周围山地适生的乔灌木、果树及经济林木，注意协调控制好生长高度及种植砍伐密度，投产后茶树的遮阴率为30%左右为理想水平。此外，构建合理的生态茶园有利于有益生物的生息，能够有效减少有害生物发生，在选择间作植物时间应充分考虑到这一因素，

生态茶园观光步道

从而使人工生态茶园生物处于优化生物配置状态。

（1）**植树要求**　主要在春节前后进行。一是在茶园山头、上风口、四周种植防护林，每4～6m种植一株；二是在茶园机耕道路两旁或一旁种植行道树，间隔5～6m；三是在茶园中种植遮阴树。每667m²种植5～8株，株距8～10m，遮阴率为30%左右。逐步形成山顶林戴帽，山腰梯田茶园束带，层次分明的布局，为茶树创造良好的生态环境。

（2）**间作树种的选择**　宜选择能与茶树共生互惠、主干分枝部位较高、冬季落叶、与茶树无共同病虫害，或能扬茶树之长，避茶树之短，适宜当地种植并具有一定经济价值的落叶速生树种。茶园适宜种植的高层树种有不争水、不争肥、遮光小的杉树、桂花树、玉兰树等。如空地较多可选用油茶、乌桕、油桐等中干型经济林木。

（3）**留草种草**　对于梯壁上原有的绿草，改传统的梯壁劈草、除草剂除草为割草，常年保持茶园梯壁上有绿草覆盖。对于光秃裸露的茶园梯壁应进行种草。草种宜选择平托花生、圆叶决明、红根草、爬地兰等。种植规格根据不同的草种而定，一般以种植

2～3年后能覆盖梯壁为宜，使梯壁长期有绿草覆盖以护梯保坡。

3.茶园基础设施建设 广西主要茶区均处于亚热带湿润气候区，降水充沛，但也存在着降水分布不均，特别是秋冬连旱、台风暴雨时有发生，高温干旱和汛期洪涝发生较重的时期依然需要配套的水利设施来保证茶园灌溉排水。生态茶园建设中可以根据地形、水源和灌溉的面积需求有规划地建设蓄水塘和排水沟，条件好的连片高效茶园可以考虑建设滴灌、喷灌设施，修筑和配套机械作业道路设施。未来茶园机械化管理是大势所趋，而茶树一旦建园就基本固定了种植规格，因此在建园初期就必须充分考虑到适应机械化耕作、采摘、施肥、修剪等因素，预留足够的田间机械作业道路和掉头空间，以适应机械化管理。

茶园灌溉水源

4.茶树种植 茶树品种的选择与搭配原则：基于生产实际选择优质高产、适应性好、适制性合理、物候期交错的茶树品种。

（1）选择优质高产或某些经济性状特异的优良品种。

（2）根据当地的气候和土壤条件选择适宜的茶树良种。

（3）合理配置早、中、晚生品种，连片大面积茶园红、绿、白茶生态茶园早、中、晚种比例为6：3：1，主要品种2～3个（70%）。

（4）采用单行或双行条栽种植，坡地茶园等高种植。种植前施足有机肥，深度为30～40cm。单行条栽：150cm×33cm，每丛定植2～3株，每667m²种植4 000株；双行条栽：（160～200）cm×40cm，每丛定植2～3株。

5.生态茶园的管理

（1）改进施肥技术，调整肥料结构 生态茶园施肥以有机肥为主，严格控制无机肥的施用，鼓励使用生物活性肥料，同时，还可通过养殖蚯蚓来增肥，并改良土壤结构，做到重有机肥，有机肥与无机肥相结合；重基肥，基肥与追肥相结合；重春肥，春肥与夏秋肥相结合。有机肥来源广，种类多，各类有机肥需经高温发酵达到充分腐熟后方可施入土壤；人粪尿含氮高，是速效有机肥，适合于作追肥施用；堆沤肥、厩肥经过一定程度的腐解，易分解的能源物质含量较低，一般作基肥施用。茶农应根据土壤性质合理施肥。广西茶区土壤大多为红壤、黄壤，土壤有机质含量偏低，加上气温高、雨水多，土壤养分淋失较大，其氮、磷、钾均比较缺乏，进行茶园耕作时，要加大有机肥的投入。

（2）综合防治病虫害，严禁滥用化学农药 生态茶园的病虫害防治要贯彻"预防为主，综合防治"的方针，以维护生态平衡为前提，掌握田间病虫种群的发生情况，坚持以农业防治为基础，合理协调其他防治措施（化学防治和生物防治），控制病虫害的暴

茶园蜘蛛

发性危害。现有茶园转换为生态茶园强调从逐步少施到不施化学农药治虫防病除草，逐步恢复茶园生态系统直至达到良性循环。建设生态茶园可以充分发挥当地自然条件适宜茶树生长的优势，在发展茶园时应尽可能保留原有生态环境，减少对自然植被等环境的破坏，人为地创造多物种并存的良好生态条件，使茶树处于一个适宜的生长环境，同时增加茶园生态系统生物群落的多样性，使茶园病虫害与天敌处于动态平衡，避免病虫害暴发成灾，减少农药的污染。

（3）**茶园铺草覆盖**　茶园行间铺盖无病虫的修剪枝叶、山菁落叶或稻草保湿，防止杂草生长及水土流失，可以防寒防旱、增加土壤有机质和为有益昆虫提供栖息场所。用作有机茶园土壤覆盖的有机物料很多，如山草、稻草、麦秆、豆秸、绿肥、蔗渣等。

（4）**种植绿肥**　在未封行的幼龄茶园行间种植绿肥。选择具有固氮作用的豆科作物或其他生长快的经济作物进行合理间作，可以种植肥田萝卜、油菜、紫云英、苕子、豇豆、蚕豆和大叶猪屎豆等绿肥，做到以肥养肥。

茶园种植绿肥刈割后覆盖

五、茶园施肥管理

在茶树高产优质栽培管理中，施肥是最有效果的措施之一。但由于各种肥料的性质和作用不同，施肥时期和方法也不尽相同。要根据茶园土壤性质，茶树吸肥特性，以及天气条件进行综合考虑。

1.茶树施肥原则

（1）重施有机肥，有机无机配合使用　有机肥是土壤有机质的重要来源，具有营养均衡全面、取材容易、肥效缓慢而持久、保墒保肥能力强的特点，能增强土壤微生物活动，还可解决个别营养元素间的拮抗作用和微量元素缺乏的问题，在提高茶叶产量和品质方面有着极其显著的优势。茶园施用的有机肥主要有：厩肥、饼肥、人粪尿、腐殖酸类肥和绿肥等。但完全施用有机肥不能满足茶树生长发育过程中需肥量大、吸收快的要求，因此必须采取有机无机配合施用的方式以满足茶树的养分需求。

茶园有机肥添加微生物菌剂发酵

有机无机肥配施改良茶园土壤

（2）氮磷钾与微量元素平衡施用　茶树所需的氮、磷、钾三要素中以氮素的需要量为最多，钾次之，磷又次之。生产上以增施氮肥为主，但是氮肥施用要掌握减量适度的原则。施磷肥能促进碳水化合物的合成和运转，扭转由于氮肥过多而造成的碳氮比失调，施钾肥能提高茶树的抗性，但如果施用过量，则可能导致茶树生殖生长旺盛而影响茶叶的产量和品质。微量营素缺乏时，往往会使新陈代谢受到干扰或破坏，形成生理病变，导致茶叶产量和品质下降。因此，最好能够根据不同茶园土壤测试结果，结合采摘要求和制茶需要精准配方施肥，提高肥料利用率和土壤质量。

（3）根部施肥为主，根部施肥与叶面施肥相结合　茶树具有庞大的根系，因而对养分吸收能力较强，茶树施肥应以根部施肥为主。叶片具有吸收养分的能力，土壤干旱、湿害和根系发病等情况下，叶面施肥显得必要。另外，还有些微量元素须在根部施肥的基础上配合叶面施用才可获得良好效果。叶片对养分的吸收能力和数量都远不及根系，叶面施肥不能代替根部施肥，要以根部施肥为主，适时辅以叶面施肥，相互配合以发挥各自的效应。

（4）因地制宜、灵活掌握　施肥管理要综合考虑茶树品种特点、生长情况、茶园类型、生态条件以及所采用的其他农艺措施。幼龄茶园应适当提高磷、钾肥用量比例，以促进茶树的根、茎生长，培养庞大的根系和粗壮的骨干枝。生产绿茶的茶园，可适当提高氮肥的比例，而生产红茶的则应提高磷肥的比例。

2.施肥时期及种类

（1）基肥　在冬季结合中耕施用的肥料为基肥。茶叶基肥通常在秋冬（9～11月）施入，以有机肥和磷肥为主，施用量占全年施肥量的40%。一般每667m²施优质有机肥300～500kg，复合肥60～100kg，将上述的几种肥料混匀后，结合冬季翻土，以沟施或穴施于茶

茶园冬季施用基肥

叶根系密集区。施基肥时，要注意施肥的深度和位置，一方面要考虑有利于茶树根系的吸收和利用，另一方面要考虑改土的效果。因此，对于1～2年生茶苗，施肥位置一般距根颈10～20cm处开20cm的深沟；3～4年生茶树要距根颈35～40cm处开沟，深20～25cm；对于5年生以上的茶树，这时树冠已基本定型，可在树冠边缘垂直向下开沟，深25～30cm。平地茶园可以在树冠两侧开沟，或者在树冠一侧开沟，每年轮换一次；坡地茶园，施肥沟要开在坡的上方；梯地茶园施肥沟要开在内侧。总之，施肥方法，要因树、因地、因肥制宜。基肥应适当早施、深施、施足，从而满足茶树高产、优质的需要。

（2）根部追肥　根据茶树的需肥特点，在施足基肥的前提下，还要进行多次追肥。追肥时间一般在各季茶叶之前，一般以速效氮肥为主。氮肥追肥的总量约占全年用量的60%，可按春茶∶夏茶∶秋茶为50%∶20%∶30%的比例进行，必要时追肥中适当配施磷钾肥和其他元素肥料。

在茶树开始萌发和新梢生长时期施用的肥料为追肥。追肥时期要因地、因树、因肥制宜。春茶前的追肥俗称催芽肥，可以促进春芽早发和旺发，对名优茶生产尤为重要。春茶追肥可在采春茶前30～40d施入。早春气温高或茶树发芽早的品种，施肥的时间可以在2月中上旬；早春气温低或发芽迟的品种，可适当迟一些施，一般在2月底之前施入。行间开沟深10cm左右施入催芽肥，及时盖土。夏、秋追肥应该选择在上一茶季结束后或者上一轮新梢基本停止生长后，下一茶季或下一轮新梢开始生长前进行。一般春茶结束后，必须及时进行夏茶追肥，最好做到每次茶季结束后立即进行追肥。成龄茶树采摘夏秋茶后追肥应尽量选用氮肥，以利于进一步促进营养生长和控制生殖生长的发生。幼年茶树和台刈改后新发茶树，可选择复合肥施用。追肥多以尿素或高氮复合肥为主，幼龄茶树追施2～3次，壮龄茶树3～4次，春茶多追，夏、秋茶少追。

茶树的施肥量还应根据树龄、树势、采叶量与次数和土壤条件而定，一般青年期或采叶不多的应少施；壮年期、采叶多的、土壤瘠瘦的要多施。施肥位置：沿树冠垂直下方位置开沟施，沟深10～15cm。坡地或窄幅梯级茶园，要施在茶行或茶丛的上坡位置和梯级内侧方位，以减少肥料的流失。

（3）**叶面施肥** 茶树施叶面肥是根部施肥的一项辅助性措施。叶面施肥见效快，对缺肥症见效迅速，可排除土壤对肥料的固定和转化，能与除虫剂、生长素配合施用，方法简便。

茶树叶面施肥以喷洒叶片背面为主。因为茶树叶片正面蜡质层较厚，而背面蜡质层薄、气孔多，一般背面吸收能力较正面高5倍。喷施时期：在茶叶采摘后及时喷施，晴天宜在傍晚，阴天可全天喷施。

（4）**茶园施用生物质炭** 生物质炭是生物有机质热裂解的固体产物，具有比表面积大、带有多种官能团（羰基、酚基和醌基等）、灰分多及大量电荷等特异性质，是优良的土壤改良剂和固碳减排材料。大量研究表明，土壤添加生物质炭后可提高土壤pH、改善土壤理化性质、提高土壤肥力、减少养分淋失以及减少温室气体排放等效果。在茶园生态系统中引入利用生物质炭，是扩充土壤碳减排增汇功能、提升茶园土壤质量和生产力、实现"藏茶于地"的理想技术手段。

茶园中施用生物质炭及与有机肥配施可以促进茶树树体生长，一定程度上提高新梢发芽密度进而提高茶叶产量，与单施尿素相比，添加生物质炭及与有机肥配施的处理能分别提高茶叶产量28.6%和85.1%，提高茶青氮素吸收89.9%和32.4%，生物质炭与有机肥配施处理的茶叶所制作的绿茶汤色黄绿、滋味醇厚，品质明显提高。生物质炭作为一种新兴的优质资源在茶园中施用起到了对速效氮养分的"暂时储存"和"天然控释"的效果，对于实现化肥投入减量和茶树轻简栽培具有良好的应用前景。

茶园施用生物质炭

第四章　茶园主要病虫害防治

　　茶树病虫害的防治主要包括农业防治、物理防治、生物防治等，农业防治措施有选种、采摘、施肥、修剪、清园等；物理防治有粘虫板、诱虫灯、信息素等；生物防治手段包括以虫治虫、以菌治虫、以菌治病、以生物病毒治虫等。现代茶园病虫害防治的基本方向是通过持久不懈的宣传培训，使茶叶生产者认识到不合理的人为因素（如喷药和不科学栽培）的干扰，茶园生态系统就会受到不同程度的破坏，引导理念的转换。主要技术要点包括在不同区域建立测报点，定点定期进行虫情测报，实行"统防统治"；广泛普及色板诱集、杀虫灯诱杀等物理防治手段；构建和保护"害虫—天敌"生态群落；推广生物农药防治技术和伏季休茶和冬季封园等。

一、茶树主要病害防治

　　茶树病害按危害部位可以分为叶病、茎病和根病。叶病是指发生在茶树芽叶上的病害，广西常见的种类有茶饼病、茶炭疽病、茶轮斑病和茶煤病等。茎病是指发生在茶树茎干上的病害，较常见的有茶树地衣、苔藓和寄生性植物等。根病是指发生在茶树根部的病害，其中有茶红根腐病、茶苗根结线虫病等。由于茶树的收获部位是嫩梢，因此叶部病害的危害性相对较大，特别是茶树茶梢上的病害，对产量和品质的影响更为直接。

　　1. 茶饼病

　　[症状] 嫩叶上初发病为淡黄色或红棕色半透明小点，后渐扩

大并下陷呈淡黄褐色或紫红色的圆形病斑，直径为2～10mm，叶背病斑呈饼状突起，并生有灰白色粉状物，最后病斑变为黑褐色溃疡状，偶尔也有在叶正面呈饼状突起的病斑，叶背面下陷。叶柄及嫩梢被感染后，膨肿并扭曲，严重时，病部以上新梢枯死。花蕾及幼果偶尔发病。

茶饼病病叶

茶饼病病叶背面

[发病规律] 以菌丝体潜伏于病叶的活组织中越冬和越夏。翌春或秋季，平均气温在15～20℃，相对湿度85%以上时，菌丝开始生长发育产生担孢子，随风、雨传播初侵染，并在水膜的条件

下萌发，山地茶园在适温高湿、日照少及连绵阴雨的季节，最易发病。茶园低洼、阴湿、杂草丛生、采摘过度、偏施氮肥、不适时的台刈和修剪以及遮阴过度等，也利于发病。茶树品种间的抗病性有一定的差异，通常小叶种表现抗病，而大叶种则表现为感病，大叶种中又以叶薄、柔嫩多汁的品种最易感病。

[防治方法] 加强栽培管理，勤除杂草，适当增施磷、钾肥，以增强茶树抗病力。及时采茶，清除病源，减少病害。发病严重茶园冬季可用45%石硫合剂封园。早春用75%百菌清可湿性粉剂800～1 000倍液、75%十三吗啉乳油2 000倍液、3%多抗霉素可湿性粉剂1 000倍液等杀菌剂进行防治，非采茶期和非采摘茶园可选用0.6%～7%石灰半量式波尔多液。有条件的茶园可采用中草药营养素（零农残）防治，发病初期使用素安茶叶营养素300～500倍液喷施。

2. 茶炭疽病

[症状] 主要危害成叶，也可危害嫩叶和老叶。病斑多从叶缘或叶尖产生，水渍状，暗绿色圆形，后渐扩大成不规则形大型病斑，色泽黄褐色或淡褐色，最后变灰白色，上面散生小型黑色粒点。病部小黑点为病菌的分生孢子盘。病斑上无轮纹，边缘有黄

茶炭疽病病叶

褐色隆起线，与健部分界明显。

　　[发病规律]　以菌丝体在病叶中越冬，翌年当气温上升至20℃以上、相对湿度80%以上时形成孢子，主要借雨水传播，也可通过采摘等活动进行人为传播。孢子在水滴中发芽，侵染叶片，经过5～20d后产生新的病斑，如此反复侵染，扩大危害。温度25～27℃、高湿度条件下最利于发病。本病一般在多雨的年份和季节中发生严重。全年以初夏梅雨季和秋雨季发生最盛，扦插苗圃、幼龄茶园或台刈茶园，由于叶片生长柔嫩，水分含量高，发病也多。单施氮肥的比施用氮钾混合肥的发病重。品种间有明显的抗病性差异，一般叶片结构薄软、茶多酚含量低的品种容易感病。

　　[防治方法]　①选用抗病品种。②加强田间管理，及时清理枯枝落叶，减少翌年病原菌的来源，合理施肥，增强树势。③适时药物防治。防治时期掌握在发病盛期之前，可选用75%百菌清可湿性粉剂800倍液、70%甲基硫菌灵可湿性粉剂1 000～1 500倍液、10%多抗霉素可湿性粉剂1 000倍液。④中草药营养素（零农残）防治，发病初期用素安茶叶营养素300～500倍液喷施。

炭疽病害茶园

喷施素安茶叶营养素后茶树恢复生长的效果

3.茶轮斑病

茶轮斑病又称茶梢枯死病，在茶园常见，被害叶片大量脱落，严重时引起枯梢，使树势衰弱，产量下降。

[症状] 主要危害叶片和新梢。叶片染病嫩叶、成叶、老叶均见发病，先在叶尖或叶缘上生出黄绿色小病斑，后扩展为圆形至

茶轮斑病病叶

椭圆形或不规则形褐色大病斑，成叶和老叶上的病斑具明显的同心轮纹，后期病斑中间变成灰白色，湿度大出现呈轮纹状排列的黑色小粒点，即病原菌的子实体。嫩叶染病时从叶尖向叶缘渐变黑褐色，病斑不整齐，焦枯状，病斑正面散生煤污状小点，病斑上没有轮纹，病斑多时常相互融合致叶片大部分布满褐色枯斑。嫩梢染病尖端先发病，后变黑枯死，继续向下扩展引致枝枯，发生严重时叶片大量脱落或扦插苗成片死亡。

[发病规律] 以菌丝体或分生孢子盘在病组织内越冬。翌年春季在适温高湿条件下产生分生孢子从叶片伤口或表皮侵入，经7～14d，新病斑形成并产生分生孢子，随风雨传播，进行再侵染。高温高湿条件适于发病，夏秋茶发生较重。排水不良，扦插苗圃或密植园湿度大时发病重。强采、机采、修剪及虫害严重的茶园，因伤口多，有利于病菌侵入，因而发病也重。

[防治方法] ①选用较抗病或耐病品种。②加强茶园管理，防止捋采或强采，千方百计减少伤口。机采、修剪、发现害虫后及时喷洒杀菌剂和杀虫剂预防病菌入侵。雨后及时排水，防止湿气滞留，可减轻发病。③进入发病期，采茶后或发病初期及时喷洒75%百菌清可湿性粉剂600倍液、70%甲基硫菌灵悬浮剂700倍液、10%多抗霉素可湿性粉剂1 000倍液，隔7～14d防治1次，连续防治2～3次。④中草药营养素（零农残）防治，发病初期使用素安茶叶营养素300～500倍液喷施。

4.茶煤病

[症状] 主要危害叶片，枝叶表面初生黑色、近圆形至不规则形小斑，后扩展至全叶，致叶面上覆盖一层煤烟状黑霉，茶煤烟病有近十种，其颜色、厚薄、紧密度略有不同，其中浓色茶煤病的霉层厚，较疏松，后期长出黑色短刺毛状物，病叶背面有时可见黑刺粉虱、介壳虫、蚜虫等。头茶期和四茶期发生重，严重时茶园污黑一片，仅剩顶端茶芽保持绿色，芽叶生长受抑，光合作用受阻，影响茶叶产量和质量。

[发病规律] 该菌多以菌丝体和分生孢子器或子囊壳在病部越

冬。翌春，在霉层上生出孢子，借风雨传播，孢子落在粉虱、蚧类或蚜虫分泌物上后，吸取营养进行生长繁殖，且可通过这些害虫的活动进行传播，以上害虫常是该病发生的重要先决条件，生产上管理粗放的茶园或荫蔽潮湿、雨后湿气滞留及害虫严重的茶园易发病。

[防治方法] ①从加强茶园管理入手，及时、适量修剪，创造良好的通风透光条件，雨后及时排水，防湿气滞留，增强树势。②及时防治茶园害虫，注意控制粉虱、介壳虫、蚜虫等虫害，是防治该病有效措施之一。③中草药营养素（零农残）防治，发病初期使用素安茶叶营养素300 ~ 500倍液喷施。

茶煤病病叶

二、茶树主要虫害防治

茶树害虫的种类很多，根据取食方式和危害部位可分为食叶类害虫、吸汁类害虫、钻蛀类害虫和地下害虫等。

食叶类害虫是通过取食茶树叶片危害茶树，吸汁类害虫是通过刺吸茶树汁液危害茶树，钻蛀类和地下害虫则是通过取食茶树枝干、果实和根茎危害茶树。茶园中以食叶类和吸汁类害虫居多，其中的小绿叶蝉、以茶尺蠖为代表的部分鳞翅目害虫和螨类是茶叶生产的主要害虫。

在广西发生较为常见的害虫有食叶类：茶尺蠖、银尺蠖、茶毛虫、刺蛾、蓑蛾、丽纹象甲、茶芽粗腿象甲、角胸叶甲等；吸汁类：小绿叶蝉、眼纹疏广翅蜡蝉、黑刺粉虱、茶蚜、茶蓟马、茶梨蚧、螨类等，角胸叶甲、茶毛虫、茶枝镰蛾、蚜虫、卷叶螟、粉虱类等；钻蛀类和地下害虫有茶枝镰蛾、茶天牛等，以及少量金龟类害虫。

1. 茶尺蠖

[危害症状] 茶尺蠖喜栖在叶片边缘，咬食嫩叶边缘呈网状半透膜斑；后期幼虫常将叶片咬食成较大而光滑的C形缺刻或将叶片咬光。

[发生规律] 4月初第一代幼虫始发，危害春茶。第二代幼虫于5月下旬至6月上旬发生，以后约每隔1个月发生1代，10月后以老熟幼虫陆续入土化蛹越冬。

茶尺蠖危害状

茶尺蠖危害后的茶园

[防治方法] ①秋冬季深耕施基肥进行灭蛹，清除树冠下表土中的蛹，减少虫源。②杀虫灯诱虫，田间安装杀虫灯诱杀茶尺蠖成虫。③药物防治。发生期使用0.6％苦参碱水剂800～1000倍液、2.5％鱼藤酮乳油300~500倍液、苏云金杆菌（Bt）制剂300～500倍液或10％联苯菊酯乳油3000～6000倍液、15％茚虫威乳油2500～3500倍液、24％溴虫腈悬浮剂1500～1800倍液、60g/L乙基多杀菌素悬浮剂。该虫喜在清晨和傍晚取食，最好安排在7～10时及16～20时喷药效果较好。④中草药营养素（零农残）防治，一至二龄幼虫期使用素安茶叶营养素300～500倍液喷施。

喷施素安茶叶营养素的茶园防虫效果

2. 茶毛虫

[危害症状] 幼虫咬食茶树老叶呈半透膜，以后咬食嫩梢成叶呈缺刻状。幼虫群集危害，常数十至数百头聚集在叶背取食。发生严重时茶树叶片取食殆尽。茶毛虫幼虫、成虫体上均具毒毛、鳞片，触及人体皮肤后红肿痛痒，对采茶、田间管理以及茶叶加工影响较大。

[发生规律] 以卵块在老叶背面越冬。各代幼虫发生危害期分别在4～5月、6～7月、8～10月。一般以春、秋两季发生重。

[防治方法] ①人工捕杀，每年11月至翌年4月，摘除越冬卵块，并保护寄生蜂；捕杀幼虫。②结合冬季清园适时灭蛹。③诱杀成虫。杀虫灯诱蛾杀虫，性诱杀虫。④化学防治。最好在幼虫三龄以前进行。可用15%茚虫威乳油2 500～3 500倍液、24%溴虫腈悬浮剂1 500～1 800倍液、10%联苯菊酯乳油3 000～6 000倍液。⑤生物防治。采用青虫菌粉500倍液喷洒。⑥中草药营养素（零农残）防治，一至二龄期使用素安茶叶营养素300～500倍液喷施。

茶毛虫幼虫

3. 小绿叶蝉

[危害症状] 该虫以成虫和若虫刺吸茶树嫩梢汁液危害。被害芽梢生长受阻，新芽不发，危害严重时幼嫩芽叶呈枯焦状，无茶可采，全年以夏秋茶受害最重。

[发生规律] 全年一般有两个发生高峰期，5～6月和9～10月。成、若虫在雨天和晨露时不活动，时晴时雨、留养及杂草丛生的茶园有利于该虫发生。

[防治方法] ①分批、多次采摘，及时分批勤采，可随芽叶带

小绿叶蝉成虫

小绿叶蝉危害状

走大量卵和低龄若虫，控制该虫危害；在虫害发生高峰期前可采取轻修剪的方式，降低发生程度。②光色诱杀。田间放置色板和安装诱虫灯，可诱杀成虫。③药物防治。掌握虫情、适时喷药。药剂可选用24%溴虫腈悬浮剂1 500 ～ 1 800倍液、10%联苯菊酯水乳剂2 000 ～ 3 000倍液、15%茚虫威乳油3 000倍液、30%唑虫酰胺悬浮剂等。④中草药营养素（零农残）防治，幼虫一至二龄期使用素安茶叶营养素300 ～ 500倍液喷施。

4. 茶蚜

[危害症状] 茶蚜聚集在新梢嫩叶背及嫩茎上刺吸汁液，受害芽叶萎缩，伸展停滞，甚至枯竭，其排泄的蜜露，可招致煤菌寄生，影响茶叶产量和质量。

[发生规律] 4月下旬至5月上中旬出现危害高峰，直至9月下旬至10月中旬，出现第二次危害高峰。茶蚜趋嫩性强，以芽下第一、二叶上的虫量最大。早春虫口以茶丛中下部嫩叶上较多，春暖后以蓬面芽叶上居多，炎夏锐减，秋季又增多。

[防治方法] ①由于茶蚜集中分布在一芽二、三叶上，因此及时分批采摘是有效的防治措施。②危害较重的茶园应采用农药防治，施药方式以低容量蓬面扫喷为宜。药剂可选用15%茚虫威乳油2 500～3 500倍液、24%溴虫腈悬浮剂1 500～1 800倍液、10%联苯菊酯乳油3 000～6 000倍液喷雾防治。③中草药营养素（零农残）防治，若虫一至二龄期使用素安茶叶营养素300～500倍液喷施。④注意保护天敌。茶蚜的天敌有瓢虫、草蛉、食蚜蝇等捕食性天敌和蚜茧蜂等寄生性天敌。春季随茶蚜虫口增加，天敌数量也随之增加，对茶蚜种群的消长可起到明显的抑制作用。

茶蚜危害状

5.茶蓑蛾

[危害症状] 茶蓑蛾幼虫孵化后先取食卵壳，后吐丝粘缀碎叶营造护囊并咬食叶肉，幼虫老熟后在护囊内化蛹。

[发生规律] 一年发生1～3代，多以悬挂在茶树中下部枝叶上护囊内的三、四龄幼虫越冬。幼虫在蜕皮、化蛹或越冬前吐丝密封护囊。

[防治方法] ①采茶或进行茶园管理时，发现虫囊及时摘除，集中烧毁。②注意保护寄生蜂等天敌昆虫。③掌握在幼虫低龄盛期结合茶园其他害虫的防治进行兼治。

茶蓑蛾护囊及危害状

茶蓑蛾护囊内的幼虫

6.黑刺粉虱

[危害症状] 黑刺粉虱若虫寄生在茶树叶背刺吸汁液，并诱发严重的煤病，病虫交加，光合作用受阻，树势衰弱，以致枝叶枯竭，严重发生时甚至引起枯枝死树。

[发生规律] 一年发生4代，以二、三龄幼虫在叶背越冬，越冬幼虫于3月上旬至4月上旬化蛹，3月下旬至4月上旬大量羽化为

成虫，随后产卵。成虫多在早晨露水未干时羽化，初羽化时喜欢荫蔽的环境，日间常在树冠内幼嫩的枝叶上活动，有趋光性，可借风力传播。

[防治方法]　①剪除密集的虫害枝，使茶园通风透光。②色板诱杀，成虫发生期在田间挂黄板诱杀成虫。③药剂防治，可在第一代卵孵化末期采用矿物油进行防治。

黑刺粉虱成虫

黑刺粉虱叶片危害状

7. 角胸叶甲

[危害症状]　角胸叶甲是近年广西茶区危害成灾的新害虫，特别是在梧州六堡茶区发生严重。成虫咬食茶树嫩梢芽叶，呈不规则的小洞；幼虫取食茶树根系，对茶叶产量、品质影响很大。

[发生规律] 一年发生1代,以幼虫在土中越冬。成虫无趋光性、具假死性,卵聚产于茶园表土层和枯枝落叶下,幼虫老熟后上升至土表作一蛹室化蛹。一般于4月上旬越冬幼虫开始化蛹,5月上旬成虫羽化,5月中旬至6月中旬进入成虫危害盛期,6月下旬开始减少,5月下旬开始产卵,7月上旬开始孵化,再以幼虫越冬。天敌有蚂蚁、步甲、蜘蛛等。

[防治方法] ①耕作除虫。茶园耕锄、浅翻及深翻,可明显减少土层中的卵、幼虫和蛹的数量。②人工捕杀。利用成虫的假死性,用振落法捕杀成虫。③利用鸟类、蚂蚁、步甲等捕食,也可放鸡鸭啄食。提倡用白僵菌、苏云金杆菌处理土壤。④成虫出土盛末期,是防治适期,及时喷洒10%联苯菊酯水乳剂2 000倍液等进行防治。

角胸叶甲成虫

角胸叶甲危害状

三、中草药营养素在茶树上的应用效果

未来茶产业发展的必然方向是健康、绿色、安全,传统的茶园投入品如农药、杀虫剂等会逐步被替代,因此寻找新型无毒的茶园病虫害防控技术和产品就显得尤为重要。

素安茶叶营养素来源于中草药提取成分，运用中医原理进行配比混合而成，其功能是除虫防病、提高作物品质、提供植物营养，提高作物产量。其防虫治病原理：利用食物相生相克、五味宜忌的原理，根据植物的酸、甜、苦、辣、涩、麻、寒、热的特点找出病虫害天敌，其除虫手段为：寻找天敌、触杀、胃杀、杀卵、熏赶、拒食、厌食、饿死；根据病害的不同特点、发病规律、土壤条件、气候和植物自身的特性，有针对性地配制，达到防病的功效。

素安茶叶营养素六大功效：除虫、抗病、提高单产、提高品质、提高抗性、零农残。

1. 除虫效果　对小绿叶蝉若虫和茶尺蠖均有一定防效，但建议防治小绿叶蝉在其若虫期每隔7d使用1次，连用2次；茶尺蠖在幼虫二龄以下使用效果更好，适当减少使用间隔天数能够提高防效。

2. 抗病效果　能够提高茶树抗病能力，生长势显著增强。主要原因可能一方面是对茶树致病真菌和病毒有一定的抑制效果，另一方面通过提高茶树本身营养状况增强对病害的抵御能力，实现"药肥同效"。

3. 增产效果　与对照相比，素安处理的发芽密度高于对照42.38%~98.4%，产量高于对照24.06%~158.41%；产量优势主要表现在芽叶生长速度快于对照，在同一时期抽样调查的100个芽叶中，素安处理的一芽一叶占26.67%、一芽二叶占73.33%，对照的一芽一叶占63.33%、一芽二叶占36.67%。

4. 品质提升效果　与对照及腐殖酸、钛肥等相比，使用素安营养素所制夏季绿茶品质排名第一。

5. 抗性提高效果　能够起到抗旱、促生长的效果，特别是对茶树扦插苗生长促进十分有效。

6. 零农残　通过农业部茶叶质检中心检测，28项农残指标均未检出；通过欧盟农残检测，34项农残指标均未检出。

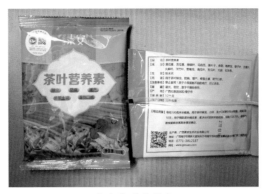

素安茶叶营养素

未喷施营养素的茶树

喷施营养素后的茶树长势旺盛，茶芽增多

第五章　广西茶树品种名优茶加工技术

一、名优绿茶加工技术

1.扁茶加工工艺

（1）选用品种　桂绿1号、尧山秀绿、桂香22号。

（2）加工工艺

原料：2月中下旬3月上中旬晴天采摘单芽或一芽一叶初展作为原料。

萎凋：摊青4～5h，摊青厚度以每个茶芽不重叠为宜。

杀青：用蒸汽、滚筒、多功能机均可，杀青温度180～200℃，蒸汽杀青气压为400个大气压。

摊凉：摊凉10min，筛掉碎末。

造型：用多功能机开4kW温度炒5min，轻压1～2min，重压1～2min，再炒2～3min至七八成干。

摊凉：出锅摊凉10min，簸掉碎片。

烘干：足干，先用4kW温度辉锅至九成干，再用7kW温度挥锅1～2min，待发出茶香味时出锅，摊凉10min。

包装：簸掉碎片后包装密封。

（3）品质特点（桂绿1号）　外形全芽、扁滑，色泽绿，汤色嫩黄绿明亮，香气高纯，滋味醇厚，叶底嫩绿显芽匀齐。

2.针形茶加工工艺

（1）选用品种　桂绿1号、尧山秀绿、桂香22号、桂职1号。

（2）加工工艺

桂绿1号扁茶

尧山秀绿扁茶

桂香22号扁茶

原料：于2月下旬至3月上旬选择晴天采摘一芽一叶初展作为原料。

萎凋：摊青4～5h，厚度以芽叶不重叠为宜。

杀青：温度为200～220℃。

摊凉：摊凉10min，将碎末筛掉。

揉捻：轻揉捻5～10min，解块。

造型：用理条机进行理条、造型，温度为100～110℃，至八成干时出锅，摊凉。

烘干：用名茶烘干机或提香机烘干，温度为80～85℃，烘15～20min出锅，摊凉。

包装：筛掉碎末，簸去碎片，包装。

（3）品质特点（尧山秀绿）　外形墨绿，条形细直，香气清香高雅，汤色嫩黄绿，滋味鲜醇，叶底黄绿亮匀。

尧山秀绿针形绿茶

桂香22号名优绿茶

绿茶样品不同工艺参数试验的审评比较

二、条形（工夫）红茶加工技术

1. 选用品种　桂绿1号、桂香18号、桂香22号、桂红3号、桂红4号、桂热1号、桂热2号、桂职1号、凌云白毫。

2. 加工工艺

原料：选择晴天下午阳光不强烈时采摘一芽一叶或一芽二叶。桂绿1号在气温超过22℃时芽叶会逐渐转变为紫红色，制作红茶香气、滋味极佳。

摊青及摇青：用竹筛摊青放在架子上或者萎凋槽萎凋，萎凋10～12h，芽叶不重叠，摊至第二天早上当芽叶下垂，叶色转暗绿色、墨绿色，80%嫩梗对折不断，青气消失或有清香、花香透出时（萎凋叶含水量达70%左右）进行慢速轻摇青一次，转数为10～20转，轻摇青结束后薄摊，待萎凋叶含水量达65%左右时结束萎凋。

揉捻：空揉10～15min，轻压揉20～30min，中小叶种中压揉20～30min，大叶种重揉10～20min。揉捻时间长短，主要根据叶子老嫩和投叶量多少而定，当茶条卷实，茶汁氧化粘附于茶条表面，茶条粘手但无茶汁水溢出，成条率90%以上，出茶解块。

发酵：厚度10cm左右，自然发酵用湿润的纱布覆盖，发酵时间3～8h；使用发酵机发酵，控温控湿，温度26～28℃，湿度85%～90%，当90%以上嫩芽叶均匀变红、部分粗老叶带古铜色或者青铜色，闻香具有果香、花香，或者用开水冲泡发酵叶，青气消失、茶汤无苦涩味时终止发酵，解块。发酵时间的长短因叶质老嫩、揉捻条件不同而差异较大，一般春季发酵时间长。

烘干：毛火115～120℃，烘至八成干时→摊凉→足干，温度为80～90℃，出锅摊凉。成品红茶要求茶条红褐、柔润、紧结（紧细），含水量4%～5%。

包装：风选碎末、碎片，包装。

3.品质特点 桂绿1号外形紧细显毫，色泽乌润，汤色橙红明亮，花香高雅，滋味醇厚爽口。桂香18号形紧细显毫，棕红乌润，汤色红亮有金圈，花香高锐持久，滋味鲜醇花香浓郁。凌云白毫棕红乌润显金毫，汤色红艳有金圈，香气带清香，滋味浓厚。

室内萎凋

萎凋槽萎凋

红茶发酵

红茶茶汤及叶底

桂绿1号红茶汤色及叶底

桂香18号红茶样

桂香18号红茶汤色和叶底

桂香22号红茶发酵

桂香22号红茶汤色及叶底

红茶样品不同工艺参数试验的审评比较

三、乌龙茶加工技术

1. 选用品种　桂绿1号、桂香18号。

2. 加工工艺（冰鲜乌龙和干乌龙）

原料：春季4月上旬至5月上旬和秋季8月下旬至10月下旬，当茶园大部分芽叶达到小开面时进行打顶，采去一芽一叶或形成驻芽的叶片。

晒青与晾青：打顶后第二天或第三天下午3～4时（有阳光时）采摘2～3叶，5时左右进行晒青，晒青适宜的阳光是弱光和中强光。鲜叶采收后及时薄摊在木板或竹筛上，以叶片不重叠为宜，晒青时间10～15min，收青摊凉2～2.5h。晒青时间的长短根据季节、叶片厚薄、鲜叶含水量和阳光强弱等因素而定，春茶鲜叶含水量高、阳光弱，晒青时间要比夏茶长，相反则较短。晒青标准是以顶、二叶下垂，叶色转浅绿，青气退，清香起，掌握减重率10％±2％为适度。

摇青：摇青→摊放2h→摇青→摊放2h→摇青→摊放6～10h，当摊青叶发出浓郁的果香气时即可杀青。

杀青：温度为170～190℃，杀青5～7min，出锅，摊凉3～5min，筛掉碎末。

包揉造型：冰乌龙轻揉捻15～20min，轻包揉造型3～5次；干乌龙先用包揉机造型，后用曲毫机加热70℃～80℃造型3～5min，再用包揉机造型，如此重复5～6次即可成型。

烘干：干乌龙用名茶提香机烘40～60min，温度为60～70℃。冰鲜乌龙无需烘干。

包装：摊凉后筛掉碎末，拣梗，包装，冰鲜乌龙需放冰柜冷冻保鲜。

3. 品质特点　桂绿1号汤色蜜绿明亮，香气带花香，滋味醇和滑口带花香。桂香18号汤色黄亮，花香持久，滋味浓醇滑口带花香。

乌龙茶原料

乌龙茶晒青

| 摇　青 | 乌龙茶不同工艺试验的汤色比较 |

四、六堡茶（黑茶）加工技术

1.选用品种　桂绿1号、桂香18号、桂红3号、桂红4号、桂热1号、桂热2号、凌云白毫。

2.加工工艺

原料：5月上旬至10月中旬，采摘一芽二、三叶及同等嫩度的对夹叶原料。

摊青：3～4h，厚度3～5cm。

杀青：温度180～200℃，杀青后叶质柔软、折梗不断，青草气消失，香气转为清香或嫩香，摊凉。

揉捻：杀青后进行热揉，空揉5min，轻揉10～15min，中揉10～15min，重揉10～20min，解块。

渥堆发酵：堆高30～50cm，时间20～24h，当堆温达到55℃时及时进行翻堆散热再渥堆，茶条为古铜色、鲜亮停止渥堆。

复揉、干燥：复揉收紧茶条。干燥采用日晒法或烘干机烘干，毛茶含水量为8%～10%，置于阴凉通风处保存。

第二次渥堆发酵：毛茶通过筛选和拼配，采取冷水渥堆，堆高60～80cm，根据茶叶的含水情况边翻拌边加水，茶叶含水量控制在20%～22%。发酵时间15～20d，每3d翻堆、解块一次，控温控湿，叶温控制在45～55℃，湿度控制在70%～80%。待叶色变为红褐或黑褐，发出醇香，即为渥堆适度。此发酵过程也可在条件适宜的发酵专用罐（箱）内进行。

蒸制、保存：渥堆发酵完成后，需要再次进行汽蒸杀菌和方便造型，紧压成饼、砖形，所制成的散茶、紧压茶等置于干净、阴凉通风、无异杂味的环境下保存和陈化，陈化时间不少于180d。

3.品质特点 桂香18号条索紧结、红褐色，陈香纯正透淡花香，汤色红浓明亮，滋味甘醇，叶底红褐。凌云白毫条索紧结、红褐色，陈香纯正，汤色红浓明亮，滋味浓厚滑口，叶底红褐。

揉捻后的六堡茶

六堡毛茶

桂绿1号品种制作的六堡茶饼

桂绿1号品种制作的六堡茶砖

六堡茶样品不同工艺参数试验的审评比较

五、高香白茶加工技术

1.选用品种 桂绿1号、桂香18号、桂香22号、凌云白毫。

2.加工工艺

（1）茶叶采摘

①采摘季节：桂绿1号、桂香22号宜选择2月至3月上旬；桂香18号、凌云白毫茶全年均可采摘制作。

②采摘天气：选择晴天及北风天进行采摘，相对湿度在70%以下。

③采摘嫩度：选取茶梢健壮挺直的芽叶，桂绿1号、桂香18号、桂香22号采摘一芽一叶或一芽二叶初展，凌云白毫茶采摘单芽或一芽一叶。

（2）弱光晒青 将采回的鲜叶置于干净、通风的竹筛上，利用弱日光进行晒青，晒至叶面柔软，贴向筛面为宜。

（3）萎凋 将晒青的茶叶放入室内摊开，控制温度24～26℃、相对湿度60%～70%，萎凋10～12h。

（4）拼筛 将萎凋叶拼筛放置10～15min，厚度约5cm。

（5）摊青萎凋 将拼筛后的芽叶重新分筛摊放，厚度以看不见筛面为宜，萎凋8～12h。

（6）提香　将萎凋叶置于温度80～90℃用多功能提香机进行提香，得毛茶。

（7）包装　将毛茶经风选、筛分、捡出非茶类夹杂物后包装，得成品。

3.品质特点　桂绿1号白茶的外形叶色翠绿带峰苗、芽显白毫，汤色绿黄明亮，香气花香高锐，滋味浓醇，叶底嫩绿匀亮。桂香18号、桂香22号白茶的外形翠绿鲜润带毫针、芽叶呈自然舒展状，香气清香、持久，汤色浅绿明亮，滋味鲜爽，叶底嫩绿明亮、匀整成朵。凌云白毫白茶的外形色泽银白有光泽、匀齐、汤色黄亮带绿、香气糯香高持久、滋味浓、鲜、爽，叶底绿黄匀亮。

白茶萎凋

桂绿1号白茶

桂香18号春季白茶

桂香18号秋季白茶

桂香22号白茶

凌云白毫白茶

白茶样品不同工艺参数试验的审评比较

附录　广西茶树相关地方标准

附录一　桂绿1号茶树品种栽培技术规程　(DB45/T 1167—2015)

1　范围

本标准规定了桂绿1号茶树品种栽培的茶园建设、茶树种植、茶园管理、茶叶采摘和病虫害防治的技术要求。

本标准适用于桂绿1号茶树品种的栽培生产。

2　规范性引用文件

下列文件对于本文件的应用是必不可少的。凡是注日期的引用文件，仅所注日期的版本适用于本文件。凡是不注日期的引用文件，其最新版本（包括所有的修改单）适用于本文件。

GB 11767 茶树种苗

NY/T 5018 无公害食品　茶叶生产技术规程

3　茶园建设

3.1　环境条件

海拔160m ～ 1 600m、坡度25°以下；年均气温14 ℃ ～ 22 ℃，绝对最低气温 −10 ℃以上，绝对最高气温43 ℃以下；土壤厚度60cm以上、质地疏松肥沃、pH值4.5 ～ 6.0，红壤土、赤红壤土或黄壤土；雨量充沛、排灌方便，并符合NY/T 5018的要求。

3.2 规划和开垦

应符合NY/T 5018的要求。

4 茶树种植

4.1 种苗要求

使用桂绿1号茶树品种，种苗质量应符合GB 11767的要求。

4.2 种植季节

11月中下旬至翌年2月中旬为适宜种植期。

4.3 种植方式及规程

应符合NY/T 5018的规定。

4.4 种植方法

采用深种低覆盖技术种植，双条栽。在50cm深的种植沟内施足底肥，底肥厚度20cm，回土10cm后种植；定植前茶树苗应浆根；种植时将茶树苗按株行距要求摆入种植沟内，扶直，使其根系自然舒张；盖土厚度10cm，压实并淋足定根水；再回一层5cm厚的松土；回土后种植沟留有10cm的深度，使其形成一个"凹"形槽，利于茶园的水土保持。

5 茶园管理

5.1 水分及土壤管理

符合NY/T 5018的规定。

5.2 茶园施肥

5.2.1 施肥质量

应符合NY/T 5018的规定。冬肥施放应于秋茶采收结束后及时进行，施肥水平高于常规品种30％以上。

5.2.2　施肥方式

应符合NY/T 5018的规定。

5.3　茶园压枝和修剪

5.3.1　幼龄茶园低位压枝

种植第一年不压枝、不修剪；种植第二年春季，在茶芽萌动前10d ~ 15d，进行低位压枝。

木桩规格为长度30cm、直径2cm ~ 3cm；在距茶苗根部外侧20cm处打桩，桩距3m ~ 4m，木桩入地深度12cm ~ 15cm；木桩用12号 ~ 14号铁丝绕一圈固定。

将苗木高度达到25cm以上的茶枝往茶行两边下弯，压至距离地面往上15cm ~ 20cm，固定到铁丝下方即可。

5.3.2　幼龄茶园定型修剪

压枝后待春梢达到离地面高30cm ~ 40cm处摘采顶芽，以采代剪。待秋梢成熟时进行第二轮修剪，在原来的剪口上提高5cm ~ 10cm。第三年修剪可按成龄茶园进行轻修剪。

5.3.3　成龄茶园修剪

应符合NY/T 5018的规定。

6　茶叶采摘

幼龄茶园以养树为主，以采代剪；3年以上茶园的采摘应符合NY/T 5018的规定。

7　病虫害防治

应符合NY/T 5018的规定。

附录二 桂绿1号茶树品种制茶技术规程 （DB45/T 1166—2015）

1 范围

本标准规定了用桂绿1号茶树品种制绿茶、红茶、黑茶的术语和定义、要求、加工工艺、质量要求、包装、运输与贮藏的技术要求。

本标准适用于采用桂绿1号茶树品种制作绿茶、红茶、黑茶的加工技术。

2 规范性引用文件

下列文件对于本文件的应用是必不可少的。凡是注日期的引用文件，仅所注日期的版本适用于本文件。凡是不注日期的引用文件，其最新版本（包括所有的修改单）适用于本文件。

GB 5749　生活饮用水卫生标准

GB/T 9833.2　紧压茶　第2部分：黑砖茶

GB/T 13738.2　红茶　第2部分：工夫红茶

GB/T 14456.1　绿茶　第1部分：基本要求

GB 14881　食品安全国家标准　食品生产通用卫生规范

NY 5019　无公害食品　茶叶加工技术规程

SB/T 10035　茶叶销售包装通用技术条件

DB45/T 479　六堡茶加工技术规程

3 术语和定义

下列术语和定义适用于本文件。

3.1

紫芽率 purple bud rate
一平方尺中，紫芽所占总芽数的比例。

4　要求

4.1　原料要求

4.1.1　总则

选用桂绿1号茶树品种鲜叶为原料。根据高温季节芽叶变紫色的品种特性，当鲜叶紫芽率小于20%时可采制绿茶，当鲜叶紫芽率达20%以上时可采制红茶，当鲜叶紫芽率达60%时可采制黑茶，并进行茶青等级分类采摘和加工。茶青应保持芽叶完整、新鲜、匀净，不得夹带蒂头、茶果、老枝叶。

4.1.2　茶青等级要求

4.1.2.1　用于制绿茶、红茶的茶青等级要求应符合表1的要求。

表1　用于制绿茶、红茶的茶青等级要求

鲜叶级别	芽叶比例	制作产品类型与级别
特级	一芽一叶初展≥90%（芽和叶未分开），单芽比例≤10%	适制特级毛尖绿茶、毛尖红茶
一级	一芽一叶比例≥90%，一芽二叶初展≤10%	适制一级毛尖绿茶、毛尖红茶
二级	一芽二叶比例≥90%，同等嫩度的一芽三叶初展≤10%	适制二级毛尖绿茶、毛尖红茶
三级	一芽三叶比例≥80%，一芽四叶初展及同等嫩度的对夹叶≤20%	适制毛峰绿茶、毛尖红茶

4.1.2.2　用于制黑茶的茶青等级要求应符合表2的要求。

表2　用于制黑茶的茶青等级要求

鲜叶级别	芽叶比例	制作产品类型与级别
一级	一芽二叶比例≥90%，同等嫩度的一芽三叶初展≤10%	适制一级黑茶
二级	一芽三叶比例≥80%，一芽四叶初展及同等嫩度的对夹叶≤20%	适制二级黑茶

4.1.3 茶青的验收

茶青质量评定可在各批次进厂茶鲜叶中随机抽取3把～5把茶青，每把50g～100g，按表1、表2给出的要求分出各等级个数，按比例确定合格的芽叶和等级，不合格茶青不应进厂。

4.1.4 存放与运输

采摘的鲜叶应放在通透气好的竹制篓中，不同的品种应分类存放，不能对鲜叶进行挤压，在茶叶装到篓的4/5时，及时运输到加工场地进行摊放萎凋。

4.2 基本要求

4.2.1 加工企业应符合GB 14881的要求。

4.2.2 绿茶和红茶加工应符合NY/T 5019的要求；黑茶加工应符合DB45/T 479的要求。

4.2.3 加工用水、冲洗加工设备用水应符合GB 5749的要求。

5 加工工艺

5.1 绿茶加工

5.1.1 工艺流程

摊青→杀青→揉捻→初烘→足干。

5.1.2 摊青

绿茶春季6h～8h，夏季4h～6h，摊至含水量72%±2%。

5.1.3 杀青

可采用滚筒机杀青机、蒸汽杀青机和热风杀青机等设备进行杀青。

5.1.4 揉捻

采用茶叶揉捻机揉捻，投叶量以自然装满揉桶为宜，空揉5min～7min，在揉捻机内解块，加压揉捻10min～15min，再空揉5min～7min，从揉捻机内取出，解块。

5.1.5 初烘

采用名茶烘干机或16型烘干机，温度115℃±5℃，摊叶厚度1cm ~ 2cm，烘培5min ~ 8min，茶叶的含水量降至25%以下，条索收紧、略感刺手，及时摊凉，30min后进行足干。

5.1.6　足干

90℃ ±5℃烘干至水分≤6%，出烘摊凉。

5.2　红茶加工

5.2.1　工艺流程

鲜叶→萎凋→揉捻→筛分→发酵→干燥。

5.2.2　萎凋

春季12h ~ 14h，夏季8h ~ 12h，摊至含水量65% ±2%。

5.2.3　揉捻

应根据原料的多少采用不同类型的揉捻机进行揉捻，揉捻时间随鲜叶老嫩级别而异，一级约40min ~ 50min，二级约50min ~ 60min，三级约60min ~ 70min，采用茶叶揉捻机揉捻，投叶量以自然装满揉桶为宜，加盖时以盖子刚好与原料接触为宜，空揉10min ~ 15min→轻压10min ~ 15min→在揉捻机内解块→加中度压揉捻20min ~ 30min→松压8min ~ 10min出茶→解块。

5.2.4　筛分

对原料不均匀的或者机械采摘的通过筛分机进行斗筛分级。

5.2.5　发酵

将揉捻好的茶叶根据数量的多少堆放在簸箕、竹筐、发酵机或者发酵专用车间里，厚度10cm ~ 30cm并用湿纱布覆盖茶叶表面。时间随气温变化而异，春季常温下需6h ~ 9h，夏秋季4h ~ 6h，控温控湿（温度22 ℃ ~ 25 ℃，湿度80% ~ 85%）需3h ~ 4h。10cm厚度约2h翻堆一次，30cm厚度约1h ~ 1.5h翻堆一次，当芽叶及嫩茎红变，并散发出果香味或者用开水泡茶审评时无苦涩味时可完成发酵。

5.2.6　干燥

5.2.6.1　初烘

采用名茶烘干机或16型烘干机，温度120 ℃ ±5 ℃，摊叶厚度1cm ～ 2cm，烘培25min ～ 30min，茶叶的含水量降至25%以下，条索收紧、略感刺手，及时摊凉，30min后进行足干。

5.2.6.2　足干

100 ℃ ±5 ℃烘干至水分≤6%，出烘摊凉。

5.3　黑茶加工

5.3.1　工艺流程

符合DB45/T 479的要求。

5.3.2　摊青

摊青1h ～ 2h，厚度5cm ～ 6cm。

5.3.3　杀青

采用滚筒机杀青、蒸汽杀青、热风杀青机杀青，开机预热15min ～ 20min，待温度升至160 ℃ ～ 180℃左右，开始投放鲜叶，要求投叶量稳定，温度均匀；杀青时间3min ～ 4min，杀青叶含水量55% ～ 60%，色泽转暗绿，叶质变软，折梗不断，青草气基本消失为适度。

5.3.4　初揉

趁热揉捻，投叶量以自然装满揉桶为宜，空揉7min ～ 8min，轻揉15min ～ 20min，中老叶再加中压揉10min ～ 15min，最后空揉5min ～ 7min,细胞破损率60%左右为宜，然后解块。

5.3.5　渥堆

将经初揉的揉捻叶筑堆渥堆，堆高30cm ～ 40cm,气温高薄堆，气温低厚堆，嫩叶薄堆，老叶厚堆，当堆温达55 ℃左右时，翻堆散热，降到30 ℃时收堆再渥堆，全过程为时10h ～ 15h，至叶色变深黄带褐，香气醇香，汤色黄褐，滋味浓醇，即为适度。

5.3.6　控温控湿发酵

将毛茶加水至30% ±2%,拌匀后渥堆，控制渥堆温度为45 ℃ ±1 ℃，湿度为82% ±2%。当堆温达约50 ℃时，每3d ～ 5d翻堆一次，视含水量情况，可适量加水，全过程为时15d ～ 20d，至叶色变红褐色、汤色红浓、滋味醇厚无苦涩味时，水分降至

15%以内为适度，终止渥堆。

6　质量要求

6.1　绿茶应符合GB/T 14456.1 的要求。

6.2　红茶应符合GB/T 13738.2 的要求。

6.3　黑茶应符合GB/T 9833.2 的要求。

7　包装、运输与贮藏

7.1　包装

包装材料应符合SB/T 10035规定，在干燥通风的专用库内存放，内、外包装应分开存放。

7.2　运输

运输工具应清洁、卫生，搬运中轻拿轻放，运输途中应防潮、防晒、防污染。

7.3　贮藏

应在阴凉、通风、干燥、清洁、卫生环境下贮藏，有防鼠、防虫设施，不应与有污染和有异味的货物一同贮存。产品应分类堆放，标识清楚。

附录三　茶树长侧枝扦插繁育技术规程　(DB45/T 1438—2016)

1　范围

本标准规定了茶树长侧枝扦插繁育技术的术语和定义、母穗园的培育、扦插苗圃的建立、采穗和剪穗、扦插、苗木管理、苗木出圃及运输的技术要求。

本标准适用于广西境内茶树长侧枝扦插繁育技术。

2　规范性引用文件

下列文件对于本文件的应用是必不可少的。凡是注日期的引用文件，仅所注日期的版本适用于本文件。凡是不注日期的引用文件，其最新版本（包括所有的修改单）适用于本文件。

GB 11767　茶树种苗

NY/T 2019　茶树短穗扦插技术规程

NY/T 5018　茶叶生产技术规程

3　术语和定义

3.1

长侧枝　long collateral cuttage

剪取半木质化、长2.5cm ～ 3cm的穗节，有1片成熟叶和1枝长15cm ～ 20cm的侧梢。

4　母穗园的培育

4.1　母树的选择

应选择青、壮龄期的无性系茶树良种植株作为母树。

4.2　修剪

在春茶采收结束后及时剪去树冠表面10cm ～ 15cm的细弱枝。

4.3　根部追肥

4.3.1　修剪后及时对根部追肥，每 667m² 施硫酸钾复合肥 5kg 加尿素 25kg。

4.3.2　用茶佳宝或者叶面宝有机液体肥料加磷酸二氢钾进行叶面追肥，每 10d ～ 15d 喷施 1 次。

4.4　病虫害防治

按照 NY/T 5018 进行。

4.5　摘顶

当母穗长到 40cm 以上、顶芽尚未停止生长时，用人工摘去一芽叶 1 叶 ～ 2 叶。

4.6　根外追肥

摘顶后喷施 1 次叶面肥，每隔 7d ～ 10d 喷施 1 次，连续喷施 3 次，促使母穗侧枝萌发和生长。

5　扦插苗圃的建立

5.1　环境条件

应符合 NY/T 5018 的规定，土壤的 pH 值为 4.5 ～ 6。

5.2　苗床建立

5.2.1　用旋耕机将苗圃地翻耕打细，翻晒 5d ～ 7d。

5.2.2　按长度 10m ～ 20m、宽 1.2m 分畦。

5.2.3　用多菌灵 500 倍液进行淋施灭菌。

5.2.4　将苗床表面梳理成微弧形。

5.2.5　铺黄心土，厚度为 6cm ～ 8cm，并将苗床表面梳理成微弧形。

5.2.6　采用重 15kg、长度 60cm、直径 10cm 的圆柱形滚筒进行滚压，重复滚压3次～4次即可。滚压好的苗床若未能及时扦插应用薄膜进行覆盖保湿备用。

5.3 搭荫棚

5.3.1 平顶高棚

应符合NY/T 2019的要求。

5.3.2 弧形高棚

棚顶高度3.0m～3.5m、宽8m，两侧高度2.5m、长30m～50m，材料用钢架结构。用遮光率为75%的黑色遮阳网。

5.3.3 喷灌设施

宜采用微喷设施。

6 采穗和剪穗

6.1 采穗前处理

在采穗前一周根据母穗园发生的病虫害状况进行喷施药物一次。

6.2 采穗标准

母穗枝杆达到半木质化、侧芽长成15cm～20cm的侧梢时，即可采集穗条进行扦插。

6.3 采穗时间

上午10：00前和下午16：00后。

6.4 剪穗规格

长度为2.5cm～3cm的穗节＋1片成熟叶＋1个长15cm～20cm的侧枝，侧枝长度超过20cm时，应剪去顶芽，使侧枝长度一致。

6.5 药物处理

用陶瓷或塑料容器盛装试剂，采用75%的酒精50ml溶解

1g绿色植物生长调节剂后，兑水2kg～2.5kg配制成试剂，将100个～150个穗条捆成一捆，浸泡穗节2.5cm处30min。

7 扦插

7.1 扦插季节

全年均可扦插，选在夏秋两季无雨天气进行为宜。

7.2 扦插前准备

将苗床喷湿喷透，土壤湿度达70%～80%。

7.3 扦插规格

行距8cm～10cm，株距1.5cm～2cm，深度以叶柄与地面接触为宜。

8 苗木管理

8.1 水分管理

扦插后及时喷湿喷透苗木。扦插后15d内为阴天的，每天喷1～2次水，高温天气（日最高气温≥34℃）时，每天喷4次水（喷水时间为10:00、12:00、15:00、17:00各喷一次），每次喷3min～5min，15d后喷水次数逐渐减少，以土壤保持湿润、茶苗嫩梢不萎蔫为宜。

8.2 追肥

扦插发根后每月追肥一次，每50kg水加0.3kg硫酸钾复合肥淋施，施肥后喷水冲洗叶片上的肥料。

8.3 病虫害防治

扦插第二天喷施一次石灰半量式波尔多液（1:0.5:100～200）预防病虫害的发生，应符合NY/T 5018的规定。

9 苗木出圃及运输

9.1 出圃时间

扦插后4个～6个月即可出圃。

9.2 出圃前准备

出圃前一天下午将土壤喷湿喷透，土壤湿度达70%～80%为宜。

9.3 起苗

根系保土，每100株为一捆。

9.4 苗木质量

苗木高度18cm～25cm，粗度0.3cm～0.5cm，应符合GB 11767的规定。

9.5 包装运输

包装运输按GB 11767的规定执行。

附录四　山地茶园顺坡栽培技术规程　(DB45/T 1387—2016)

1　范围

本标准规定了山地茶园顺坡栽培技术的术语和定义、茶园建设、茶树种植、茶园水肥管理、茶园修剪、茶园采摘、病虫害防治。

本标准适用于广西境内山地茶园顺坡栽培技术。

2　规范性引用文件

下列文件对于本文件的应用是必不可少的。凡是注日期的引用文件，仅所注日期的版本适用于本文件。凡是不注日期的引用文件，其最新版本（包括所有的修改单）适用于本文件。

GB 11767　茶树种苗

NY/T 5018　茶叶生产技术规程

DB45/T 1167—2015　桂绿1号茶树品种栽培技术规程

3　术语和定义

下列术语和定义适用于本文件。

3.1

顺坡栽培　the slope cultivation

不改变山地地势，顺坡种植和修剪。

4　茶园建设

4.1　环境条件与规划

坡度宜小于30°，符合NY/T 5018的要求。

4.2　茶地开垦

4.2.1　茶地清理

清除山地杂草、石头、树枝等杂物。

4.2.2 开垦规格

不开梯面，顺坡地等高线开挖种植沟，宽50cm，上侧沟深30cm，下侧沟深40cm。

5 茶树种植

5.1 种苗要求

种苗质量应符合GB 11767的要求。

5.2 种植规格

应符合NY/T 5018的要求。

5.3 种植方法

应符合NY/T 5018及DB45/T 1167—2015中4.4的要求。

6 茶园水肥管理

应符合NY/T 5018的要求。

7 茶园修剪

7.1 幼龄茶园修剪

7.1.1 第一次定型修剪

苗木定剪高度为20cm ~ 25cm。

7.1.2 第二次定型修剪

在秋梢停止生长时进行，每茶行上侧的苗木定剪高度为30cm ~ 35cm，下侧的苗木定剪高度为25cm ~ 30cm，并留外向芽叶。

7.1.3 第三次定型修剪

在种植后第二年春梢停止生长时进行，定剪高度为坡度上方的苗木在上次剪口上留13cm剪掉，坡度下方的苗木在上次剪口上留8cm剪掉。

7.1.4　第四次定型修剪

在种植第二年秋梢停止生长时进行，定剪的高度参照第三次定型留的高度进行。

7.2　投产茶园修剪

7.2.1　修剪时间

第一次在春茶采收结束时进行，第二次在秋茶结束后进行。

7.2.2　修剪规格

采取轻修剪的原则，顺坡修剪，上侧树冠高度为65cm～75cm，下侧树冠高度为55cm～65cm。

7.3　衰老茶园的修剪

应符合NY/T 5018的要求，树冠面应保持斜面。

8　茶园采摘

8.1　种植第三年，以养为主，掌握采高留低、采里留外的原则，每次采摘上坡方向茶苗留3张叶片、下坡方向茶苗留2张叶片。

8.2　种植第四年及以上的茶园采摘应符合NY/T 5018的要求。

9　病虫害防治

应符合NY/T 5018的要求。

附录五　仿原生态茶栽培技术规程 （DB45/T 1388—2016）

1　范围

本标准规定了仿原生态茶栽培技术的术语和定义、品种要求、生态环境、植被、栽培技术的要求。

本标准适用于广西境内仿原生态茶栽培技术。

2　规范性引用文件

下列文件对于本文件的应用是必不可少的。凡是注日期的引用文件，仅所注日期的版本适用于本文件。凡是不注日期的引用文件，其最新版本（包括所有的修改单）适用于本文件。

GB 15168　土壤环境质量标准

NY/T 5197—2002　有机茶生产技术规程

3　术语和定义

下列术语和定义适用于本文件。

3.1

仿原生态茶　simulated original ecological tea

在公益林、生态林或自然林等林地的林下，仿原生态茶树栽培环境、采用物理控制茶树树冠及清除病体、在树冠范围内进行物理性除草和土地翻耕、施用绿肥等种植行为生产的鲜叶；并以此为原料，按国家及地方相关标准加工生产的茶叶。

3.2

仿原生态栽培　production of the simulated original ecological

在公益林、生态林或自然林等林地的林下，仿原生态茶树栽培环境、采用物理控制茶树树冠及清除病体、在树冠范围内进行物理性除草和土地翻耕、施用绿肥等种植行为。

4 品种要求

4.1 经提纯复壮过的地方品种。

4.2 通过审定或鉴定、登记的品种。

4.3 当地野生茶树资源的优良株系。

5 生态环境

5.1 远离城镇乡村生活区域,从未使用过任何肥料或施用、处置外来固体物的公益林、生态林或自然林的林地。

5.2 周边5km内无工矿企业及其他大气污染源。

5.3 海拔600m以上。

5.4 土壤应符合GB 15618的规定。

5.5 灌溉水为没有外来污染物进入的山泉水等天然水。

5.6 不得施用除植物秸秆及绿肥之外的肥料,不得使用液态农用薄膜及抗旱剂,不得喷施农药、激素和除草剂。

5.7 在使用保护性的农用薄膜覆盖、防虫网时,不应使用聚氯类产品,宜选择聚乙烯、聚丙烯或聚碳酸酯类产品,并且使用后应从土壤中清除,不应焚烧。

5.8 应充分考虑土壤和水资源的可持续利用,采取措施,防止水土流失、土壤石漠化。

5.9 应采取措施,保护天敌及其栖息地。

5.10 应充分利用作物秸秆,不焚烧处理,除非因控制病虫害的需要。

6 植被

6.1 新建的仿原生态茶园,对基部树干围径20cm以上的树种不砍伐,作为与茶共生的生态树。

6.2 在较稀疏的山林补植遮阴树,间距20cm ~ 30cm。

7 栽培技术

7.1 茶园开垦

定点挖种植坑，坑宽度为60cm、深度为40cm；回填表层土20cm，疏松土壤，待种。

7.2 种植方法

先浆根后种植，盖土10cm压实，再盖表土5cm形成"凹"字形。

7.3 种植规格、密度

每丛种4株，按"田"字形种植，丛距2.5m～3.0m。坡度25°以下的每667m²不超过300丛，坡度25°以上的每667m²不超过250丛。

7.4 原有茶树管护技术

7.4.1 基部树干围径达20cm以上，或树高达400cm以上的古茶树保留原状。沿树冠周围搭建梯型架，或制作简易梯子，便于修剪和采摘；每年秋末进行一次清园，剪去枝叶10cm～15cm。

7.4.2 被砍伐后的古树及基部树干围径20cm以下的乔木型茶树，总高度控制在200cm以下；小乔木型及灌木型古树总高度控制在150cm～160cm，树冠形状整形为球形或蘑菇形。每年秋末进行一次清园，剪去枝叶10cm～15cm，将在茶树周围的小杂树及将遮住茶树的高大杂树枝梢砍掉。

7.4.3 对过密的幼树于春茶结束期及秋茶结束期两季移植到稀疏的地方，移植前根据树势情况，剪去部分枝叶，带土移植。

7.5 新建仿原生态茶园种植技术

7.5.1 第1年种植定型高度30cm，第2年定型高度60cm，第3年定型高度90cm，第4年120cm，第5年以后控制在150cm，四周的侧枝每次剪去3cm～5cm，使树冠形状为球形或蘑菇形。

7.5.2 用人工或者刈草机将杂草、杂树刈掉，覆盖在茶树根部，也可以采用植物秸秆或农用薄膜覆盖抑草。

7.5.3 每年中耕2次，第1次在4月下旬至5月上旬，第2次在10月下旬，深翻15cm～20cm，每次将杂草埋在土中。

7.5.4 幼龄茶树全年可在树冠下种植豆科植物或阔叶绿肥，每年采收绿肥2～3次，第一次在4月下旬至5月上旬，结合中耕进行；第二次在7月上旬，第三次在10月下旬，每次采收绿肥后及时播种，并将其枝叶埋入土中作肥料，增加有机质。

7.6　病虫害防治技术

应符合NY/T 5197—2002的要求。

7.7　采摘技术要求

7.7.1 应符合NY/T 5197—2002的要求。

7.7.2 高大茶树及树龄15年以上的茶树，春季留一叶，采一芽二、三叶及同等嫩度对夹叶；夏秋茶留鱼叶，采一芽二、三叶及同等嫩度对夹叶。年采收不超过5次。

7.7.3 树径15cm以下的茶树，春季留一叶，采一芽二、三叶及同等嫩度对夹叶；夏秋茶留鱼叶，采一芽二、三叶及同等嫩度对夹叶。树冠直径1m以下的春季留二叶，采一芽二、三叶及同等嫩度对夹叶；夏、秋茶留鱼叶，采一芽二、三叶及同等嫩度对夹叶。年采收不超过3次。

7.7.4 幼龄（第三龄）茶树以养为主，春季留2～3张真叶，采一芽二、三叶及同等嫩度对夹叶；夏茶不采；秋季留2张真叶，采一芽二、三叶及同等嫩度对夹叶。年采收不超过3次。

7.7.5 基部树干围径达20cm以上，或树高达400cm以上的古茶树，不得采用砍伐等损害茶树存活及生长的方式采摘鲜叶。

参 考 文 献

郭琳, 2008. 茶园土壤的酸化与防治[J]. 茶叶科学技术 (2):16-17.

韩文炎, 阮建云, 林智, 等, 2002. 茶园土壤营养主要障碍因子及系列茶树专用肥的研制[J]. 茶叶科学, 22(1): 70-74.

何孝延, 陈泉宾, 2005. 优质高效的茶叶施肥原理与应用[J]. 茶叶科学技术(2):1-3.

梁慧玲, 董尚胜, 2001. 茶园土壤微生物研究现状[J]. 茶叶, 27(4):3-5.

骆耀平, 2008. 茶树栽培学[M]. 北京: 中国农业出版社, 93-96.

戚康标, 2013. 关于发展原生态茶园的理念与思考[J]. 广东茶业(4):2-4.

邱勇娟, 覃秀菊, 赖兆荣, 2011. 桂绿1号茶树良种快速成园新技术试验研究[J]. 大众科技(7): 196-197.

覃秀菊, 林朝赐, 陈新强, 2004. 茶树扦插繁育与快速出圃新技术研究[J]. 中国农学通报(6): 224-226.

唐劲驰, 周波, 黎健龙, 等, 2016. 蚯蚓生物有机培肥技术(FBO)对茶园土壤微生物特征及酶活性的影响[J]. 茶叶科学, 36(1):45-51.

田永辉, 梁远发, 王国华, 等, 2001, 人工生态茶园生态效应研究[J]. 茶叶科学, 21(2):170-174.

王凯荣, 龚惠群, 1994. 山区茶园土壤肥力性状及其对茶叶产量和品质的影响[J]. 茶叶, 20(1):13-17.

吴洵, 2009. 茶园土壤管理与施肥技术[M]. 北京: 金盾出版社.

吴洵, 2009. 茶园绿肥作物种植与利用[M]. 北京: 金盾出版社.

吴志丹, 江福英, 王峰, 等, 2014. 生物黑炭茶园应用技术试验示范效果[J]. 福建农业学报(6): 550-554.

肖强, 2013. 茶树病虫害诊断及防治原色图谱[M]. 北京: 金盾出版社.

杨冬雪, 钟珍梅, 陈剑霞, 等, 2010. 福建省茶园土壤养分状况评价[J]. 海峡科学(6): 129-131.

杨亚军, 梁月荣, 2014. 中国无性系茶树品种志[M]. 上海: 上海科学技术出版社.

张正群, 田月月, 高树文, 等, 2016.茶园间作芳香植物罗勒和紫苏对茶园生态系统影响的研究[J]. 茶叶科学, 36(4): 389-395.

周才碧, 陈文品, 2014. 茶园土壤微生物的研究进展[J]. 中国茶叶(3): 14-15.

朱留刚, 张文锦, 2014. 略谈福建生态茶园建设技术[J]. 福建茶叶(3): 28-29.

图书在版编目（CIP）数据

广西茶树品种与配套技术／覃秀菊，韦静峰，陈佳主编 . —北京：中国农业出版社，2019.5
ISBN 978-7-109-23142-9

Ⅰ. ①广…　Ⅱ. ①覃…②韦…③陈…　Ⅲ. ①茶树—栽培技术—广西　Ⅳ. ① S571.1

中国版本图书馆CIP数据核字（2017）第143881号

中国农业出版社出版
（北京市朝阳区麦子店街18号楼）
（邮政编码 100125）
责任编辑　张　利　石飞华
───────────────
中农印务有限公司印刷　新华书店北京发行所发行
2019年5月第1版　2019年5月北京第1次印刷

开本：880 mm×1230 mm 1/32　印张：4
字数：105千字　印数：1～3 000册
定价：32.00元
（凡本版图书出现印刷、装订错误，请向出版社发行部调换）